青少年受益一生的励志书系

青少年受益一生的
名人心态感悟

◎总 主 编：汤吉夫
◎本书主编：李 鸥　李雪峰
◎副 主 编：李闰月　史婷婷

九州出版社
JIUZHOUPRESS 全国百佳图书出版单位

图书在版编目（CIP）数据

青少年受益一生的名人心态感悟/李鸥,李雪峰主编.–北京：
九州出版社,2008.9(2021.7 重印)

（青少年受益一生的励志书系/汤吉夫主编）

ISBN 978-7-80195-886-0

Ⅰ.青…　Ⅱ.①李…②李…　Ⅲ.成功心理学—青少年读物
Ⅳ.B848.4-49

中国版本图书馆 CIP 数据核字(2008）第 149425 号

青少年受益一生的名人心态感悟

作　　者	汤吉夫 总主编 李 鸥 李雪峰 本册主编
出版发行	九州出版社
地　　址	北京市西城区阜外大街甲 35 号(100037)
发行电话	(010)68992190/2/3/5/6
网　　址	www.jiuzhoupress.com
电子信箱	jiuzhou@jiuzhoupress.com
印　　刷	北京一鑫印务有限责任公司
开　　本	710 毫米 × 1000 毫米　16 开
印　　张	9.5
字　　数	145 千字
版　　次	2008 年 10 月第 1 版
印　　次	2021 年 7 月第 11 次印刷
书　　号	ISBN 978-7-80195-886-0
定　　价	36.00 元

吃饭与读书（序）

　　人活着都是要吃饭的,不吃饭没法活,这是硬道理,傻子都懂的硬道理。但是,人活着,跟猪狗鸡鸭毕竟不同,光有饭吃还不行。这个世界几十亿人,大概没有多少光喂饭就能满足的,饿的时候都说,给口吃的就行,一旦吃上了这口,别的需求也就来了。要恋爱、结婚,跟人交往、沟通,要交朋友、挣钱、唱歌,一句话:要学习,得有精神生活。即便理想不高,就当个旧时代的农夫,也得有人教你怎样种地,如何喂牛套车,稍微有点精气神,就会想到出门赶集看戏,有的人还自己学着唱上两口。

　　精神生活,离不开书。

　　我们这个国家多灾多难,曾经有很长一段时间,老百姓每天除了吃,不想别的,因为多数时候,吃不饱。那年月,孩子进学校读书,除了课本,家长没钱,也不认为有需要给孩子买点课外的书,甚至孩子看课外书,还会遭到责骂。在家长看来,那些东西没用,上个学,识几个字,会算个账也就行了。在那个时代,众多平民百姓养孩子,跟养猪喂鸡没有多少区别。

　　后来的中国人,开始有点闲钱了,一对夫妻一个孩儿,宝贝多了,除了把孩子喂得营养过剩之外,也操心孩子的教育。即便如此,过去的思想境界依然左右着他们,家长们宁肯花大价钱,逼着孩子满世界进补习班,学钢琴,学奥数,学英语,学画画,学书法,学围棋,学一切听说可以提高素质的玩意儿,但就是没时间让孩子老老实实坐下来看本书。跟过去一样,众多的家长认为,课外书没用,耽误孩子学习。

　　就这样,在课本强化和补习班也强化的双重压力下长起来的一代又一代独生子女,有一半还没进大学,先折了,什么也考不上,除了打游戏,什么兴趣都没有;另一半考上的,进了大学不少人也开始放羊,加上大学这些年质量也在下降,因此,即便太太平平毕了业,进入社会,感觉身无长技、无所适从者至少要占一半以上。

这是一个没有人看书的时代。据有关部门统计,我们国家每年的出版物,教材要占到60％以上,剩下不足40％的出版物。还要扣除10％左右的教辅读物,也就是说,中国的书,绝大多数都是强迫阅读的,真正属于读者出于自己需求而主动阅读的书,不到整个出版量的20％,跟发达国家相比,正好倒过来。

现在国人最喜欢说的一个词,就是"素质",但恰恰国人的素质,不敢恭维,一代代越来越不喜欢读书的后辈,素质更是每况愈下。

课本,给不了人素质,课外补习,也给不了人素质,素质的养成,要靠书,课外书。人生在世,不是活在真空里,什么事儿都可能碰上,要学会跟人打交道,更要学会跟自己打交道。如何待人处事,如何交友待客,如何跟人沟通、开展讨论,如何说服别人;进而如何开阔心胸、拓展视野、修炼心性、磨炼意志、增强自信,尤其是如何面对挫折和困境,保持自己良好的心态;再进一步,如何看待友谊,看待背叛,如何面对恋情,如何面对失败,如何面对财富,以及失去的财富,这一切的一切,都需要学,但是课本教不了你。课本里,有知识,有技能,但唯独难以陶冶你的性情,锻造你的心性。素质是一种软实力,一种可以凭借知识和技能无限放大的能量;如果一个人只有专业知识和技能,而缺乏相应的软实力,就像一台电脑,尽管性能良好,但缺乏必要的软件,也一样等于废物。

本人从教30多年,教过的学生不计其数,但从来没有见过哪怕一个不爱读书的学生日后有出息的。人的所有,差不多都是学来的,家庭可以教你,社会也可以教你,但一个有出息的人从中获益最多的,还是书本。从这个意义上说,学会了读书,就有了一切。吃饭是为了活着,但活着不能为了吃饭。一个人想要活得好,活得有滋有味,那么,就得把书当粮食来看。孔子闻韶乐,三月不知肉味,对于一个读书人来说,书就是韶乐,只有肉,没有书,肉也不香。不能说这样的人都有出息,但至少,这样的人才可能有点出息。

现在,许多家长都希望把自己的孩子培养成贵族。当然,我想这些家长们，不是想让自己的孩子住进欧洲的城堡，天天穿着燕尾服，只是希望孩子能有贵族的气质和教养。欧洲太远了，中国自宋代以后就没了贵族，但自古就有书香门第。一个家族，只要几代都有读书人，家藏有几柜子的书，就是读书人家，缙绅人家，这样的人家，教养、品位、知书达礼，所有的一切，不是血统的遗传，而是从世代的书香里来的。

读书要读好书，读能跟那些绝代的成功者、大师们对话的书。世界上存在过那么多杰出人士，他们的成功为世人仰慕，各有各的理由，个中道理，在他们的文章中有，但要靠仔细读了之后自己悟。没有机会追随大师的左右，经大师亲授，但只要读他们的文字，也可以升堂入室。众多的成功者、大师汇聚起来，变成一本不厚的书，摆在我们的眼前，《"读·品·悟"青少年受益一生的励志书系》就是这样的一套好书。古人云：开卷有益。

张 鸣

6 月 6 日 于北京

张鸣 1957 年生，浙江上虞人，中国人民大学政治学系教授、博士生导师。有《武夫当权——军阀集团的游戏规则》、《乡土心路八十年——中国近代化过程中农民意识的变迁》、《再说戊戌变法》、《乡村社会权力和文化结构的变迁 (1903–1953)》、《近代史上的鸡零狗碎》、《大历史的边角料》等多部学术著作出版；另有《直截了当的独白》、《关于"两脚羊"的故事》、《历史的坏脾气》、《历史的底稿》、《历史空白处》等历史文化随笔陆续问世，引起巨大反响，其中《历史的坏脾气》荣登近几年畅销书排行榜。

目 录

C
O
N
T
E
N
S

第 **1** 辑

从容品尝生命的滋味

走过充满诗意充满浪漫情怀的青春时光，开始用平静如水的心境映照生活，你会有另一种感悟。曾经以为很重要的东西，此刻或许已变得不那么重要了。曾经渴望得到，极力追求的东西，如今也可以怀着淡然的心境泰然处之。生活的磨砺让人学会了以一份从容与淡定的姿态静静品味生命的滋味，也让人学会了用美丽的心情去享受每一个晨光的到来。

青少年受益一生的 名人心态感悟

第 2 辑

成功失败平常心

> 平常心是一种境界。有时的失败，其实只是暂时的挫折，是整个成功线路上的一个小站；有时的成功，只是大失败的一个起点，一只鱼饵，一场虚幻，一段铺垫。所以失败何惧？成功何骄？成败欣然，宠辱不惊，才是境界。在追求的路上，不要太有成功和失败的分别心。古人说：淡泊以明志，宁静方致远。成功常常不在表面，不在一时，而在一种心态、一种境界、一个完整的过程之中。

第 3 辑

快乐藏在自己的内心

莎士比亚在谈到人生的处境时曾经有过一个很经典的比喻："我们的身心就是一个园圃，而我们的主观意志就是园圃的园丁。"不论我们是种植奇花异草，还是任其荒芜，那权利都在我们自己。也就是说，假如你愿意自己是快乐幸福的，你就可以做到，权利就在你自己的手里。境由心生，不论我们处于什么境地，我们都可以把它当做自己的福地。成功的时候，尽情地享受成功；逆境的时候，也有憧憬未来的希望和快乐。

青少年受益一生的 名人心态感悟

第 4 辑
放下,放下

一个信徒拿一只花瓶献给佛陀,并向佛陀请教破除烦恼、获得幸福的方法。佛陀听后指着他说:"放下!"信徒马上将手中花瓶放在地上。佛陀又说:"放下!"这时信徒将双手摊开,说:"我现在已经两手空空了,您让我再放下什么呢?"佛陀笑了:"我并没让你放下手中的花瓶,我是让你放下那些想要拥有幸福和快乐的念头呀。"信徒当下领会了佛陀的道理,礼拜而去。

好胜、盲目、贪恋、任性……人最难看破的是执著。人生就像挑担子,最重要的是扛起和放下。扛起时没有顺势而为就会"煞到中气",放下时没有顺势而为就会"闪到腰子",都是非常严重的。

第 **5** 辑 ∙∙∙

要生活得惬意

心理学家发现,潜意识无法分辨真假,如果你不断输入想要的信息,它就以为是真的。如果你每天早上起来就不断告诉自己,我很健康,我很快乐。在不知不觉中心态就会往那些方向改变,经过一段时间养成习惯,快乐的感受会在潜意识中出现,每天就会有快乐的情绪出现。

要生活得惬意,去听听草间的风声,去享受林木的呼吸,还有那夜的明月、雨的彩虹。从自然中走出的灵魂,应该将自己还给自然。

生命的富有，不在于自己拥有多少，而在于能给自己多少广阔的心灵空间。同样，生命的高贵，也不在于自己处在什么位置，只在于能否始终不渝地坚守心灵的自由。

　　这心灵之树，就是你的尊严，你的操守，你的信仰，你的情爱——你生命中最纯的底色。

从容品尝生命的滋味

走过充满诗意充满浪漫情怀的青春时光，开始用平静如水的心境映照生活，你会有另一种感悟。曾经以为很重要的东西，此刻或许已变得不那么重要了。曾经渴望得到，极力追求的东西，如今也可以怀着淡然的心境泰然处之。生活的磨砺让人学会了以一份从容与淡定的姿态静静品味生命的滋味，也让人学会了用美丽的心情去享受每一个晨光的到来。

作者简介

梁衡 1946年生于山西霍州。当代作家、文学评论家。主要从事散文创作和散文理论研究。代表作品有《新闻三部曲》、《数理化通俗演义》,散文集《名山大川感恩录》、《人杰鬼雄》等。其散文《晋祠》、《觅渡,觅渡,渡何处》和《夏感》入选中学语文教材。

人人皆可为国王

□ 梁 衡

说到权力和享受,国王可算是一国之最。普天之下,莫非王土,一国之财任其索用,一国之民任其役使。所以古往今来王位就成了很多人追求的目标,国王生活的状态也成了一般人追求的最高标准。

但是不要忘了一句俗话:尺有所短,寸有所长。虽然大有大的好处,但它却不能占尽全部的风光。比如,同是长度单位,以"里"去量路程可以,去量房屋之大小则不成;以"尺"去量房间大小可以,去量一本书甚至一张纸的厚薄则难为了它。同是观察工具,望远镜可以观数里、数十里之外,看微生物则不行,这时挥洒自如的是显微镜。以人而论,权大位显,如王如皇者亦有他的局限,比如他就不能享村夫之乐、平民之趣。《红楼梦》里凤姐说得好:"大有大的难处。"而《西游记》里孙悟空就懂得小有小的好处,钻到铁扇公主肚子里去成大事。就是在君主制度的社会里,王位也不是所有人的选择。明代仁宗皇帝的第六世孙朱载堉(yù),就曾7次上疏,终于辞掉了自己的爵位。他一生潜心研究音乐和数学,他发现的"十二平均律"传到西方后,对欧洲音乐产生了巨大影响。对量子理论作出贡献的法国人德布罗意也出身于公爵世家,但他不要锦衣美食,终于在科学史上占有一席之地。据说现在的荷兰女王也很为继承人发愁,因为她的三个子女对王位都不感兴趣。

在现代社会里, 特别是在市场经济的运行规律下, 人们的利益取向、价值取向和实现途径都变得多元化了。每一个成功者都可以享受高呼万岁式的崇敬,享受鲜花和红地毯。社会上有许许多多的"国王"在各自不同的王国里尽享着自己臣民的膜拜。你看歌星、球星是追星族的国王;作家、画家是他欣赏者的国王;学者、教授是他学术领域内的国王;幼儿园的阿姨、小学校的教师整天享受着孩子们的拥戴,也俨然如王——孩子王;就是牧羊人,在蓝天白云下长鞭一甩,引吭高歌,也有天地间唯我独尊的国王感。

事物总是有两面性,"有所不为才能有所为","失之东隅,收之桑榆","塞翁失马,焉知非福"。每个人只要努力都能得到一种王者的回报。当一个人壮志难酬或怀才不遇时,这大约是人生最低潮最无奈的时期吧。但就是在这种状态下,他仍然会有追随者,仍然可以为王。北宋时的柳永,宋仁宗不喜欢他,几次考试不第,连个做臣子的资格也拿不到,他只好去当"民"。但是在歌楼妓院、勾栏瓦肆的王国里他成了国王——词王,"凡有井水处即能歌柳词",可见他这个王国有多大。林则徐被清政府贬到新疆伊犁,但就是这样一个"钦犯",沿途官民却争相拜迎,泪洒长亭,赠衣赠食,争睹尊容。到驻地后人们又去慰问,去求字,以至于待写的宣纸堆积如山。在人格王国里林则徐被推举为王。

在日常生活中更是人人可以为王。我看过一场演唱会,那歌手也没有什么名,但当时着实有王者风范,台下的女孩子毫不羞涩地高喊"我爱你",演唱结束,歌迷就冲到台上要签名、要拥抱。一次爬香山,在山脚下一位年轻人用草编成蚂蚱、小鹿之类的小动物,插满一担,惹得小孩子和家长围成几层厚厚的圆圈,很有拥兵自重的威风。等到登上半山时,又见许多人挤在一起围观,一个老者在玩三节棍,两手各持一节细棍,将那第三节不停地上下翻挑,做出各种花样,人们越是喝彩他越是得意。在这个山坡上临时组建的三节棍小王国里,他就是国王。

国王的精神享受有三:一是有成就感,二是有自由度,三是有追随者。只要做到这三点,不管你是白金汉宫里的英国女王,还是拉着小提琴的街头艺术家,在精神上都能得到同样的满足。要做到这一点并不难,只要诚实、勤奋就行——因为你虽没有王业之成,大小总有事业之成;虽没有权的自由,但有身心的自由;虽没有臣民追随,但一定有朋友、有人缘,也可

尊重别人,别人才尊重自己。

——夏衍

能还有崇拜者,"天下谁人不识君"。所以人人皆可为国王,谁也不用自卑,谁也不要骄傲。

与你共享

随着时代的远去,拥有至上权利的国王已不复存在。可是,在精神的王国里,宝座依旧高贵。世纪之王手持宝剑,开辟荆棘的道路,写下崭新的辉煌——不是用妄自菲薄或盲目自大,而是用勤勉和谦虚写下他的、你的和我的名字。

(安 勇)

作者简介 秦文君 女,1954 年生于上海。儿童文学作家。1982 年开始文学创作,代表作有《男生贾里新传》、《女生贾梅新传》、《小鬼鲁智胜》、《小妖林晓梅》等。先后 40 余次获各种文学奖。她的小说风靡校园,深受中小学生喜爱,被誉为"新时期少年儿童的心灵之作"。

活着的一万零一条理由

□ 秦文君

不知是由于天性中的忧郁、孤独,还是因为成长的受挫、痛楚,有一段时间,我心里时常会冒出许多有关生命的疑惑。而那时,我的外祖母已年届八十,银发飘飘,说话气喘吁吁,走路时双手不停地哆嗦,像被巨大的无形之手牵引着。但她却像一棵顽强的老树,勤勉地活着,将慈爱的笑容给予她所爱的人。

外祖母常说活着的理由有一万零一条,所以她才留恋生命,留恋那晒进来的满房间的阳光。当我追问她究竟那一万零一条理由是什么时,她总是笑而不答,并让我自个儿去寻找答案。

我果真去准备了个本子,到处找人攀谈,请他们说出活着的理由。很快,那些理由铺天盖地而来:

有个常来送信的邮差说,他活着是为了亲人,他爱他们,要与他们厮守,共度长长的一生;有个邻居是大学生,他说活着是为了荣誉和生命的尊严;我还问过一位陌生的过路人,他说为了不白白来人世一趟,他要到处走走、看看,跋山涉水,去领略生命中的许多潜藏的景观,这就是他活着的理由。

最难忘的是一个身患绝症的少女,她长着圆圆的白白的脸,走路都已经软着膝盖了,还常常出来坐在树下,倾听鸟儿的歌唱。她起初并不知晓自己的病情,后来有人说话不慎露出了口风,少女却没有为此哭泣,而是更长久地坐在树下,抱住她爱的树。很久很久以后,人们才发现她在树干上刻下三个字:我要活。

渐渐的,我那本子上记载的理由已有数百条了。过了一年,又变成了数千条。虽然远不及外祖母所说的那般浩瀚,但字里行间的真挚动人,却足以说明:热爱生活、善待他人、怀有追求,是多么明智和高尚的选择。

随着阅历的增加,那个本子密密麻麻地记载了无数个活着的理由,它层层叠叠,甚至有的还相互重合,但它们中间熠熠闪光的便是:希望。有了希望就有了黎明,有了企盼,有了转机,有了续写未来的可能,有了对生命价值的思索,有了创造奇迹的起点。

然而,并非人人都能眺望到希望,因为希望总在遥远的前方,具备放眼长望的能力的人才能看到它。我曾听一位身世坎坷的少女谈及,16岁那年她遭受了一次巨大的不白之冤,她发誓说,如果第九十九天她还讨不回清白,就毁灭自己。可到第九十天时,她看到了希望,及时修正了誓言。结果,她抗争了整整一年,终于得到了公正的结局。

断断续续好几年,我都认真地搜集着一条条"理由",终于有一天,我不再热衷于这方面的抄录,而且,我估计,也许那样的理由已达到了一万条。

就在这时,外祖母病危,我赶到医院去看她。当时,她定定地睁着眼,侧着双耳,专注而又陶醉地聆听着什么。我悄声问她在听什么美妙的声音。

一个人能否有成就,主要看他是否具备自尊心与自信心两个条件。
——[古希腊]苏格拉底

外祖母喃喃地说:"我在听心跳的声音。"

这何尝不是世上最美的仙乐呢?生命多么辉煌灿烂,多么值得去珍惜。

我流着泪,郑重地将这第一万零一条活着的理由镌刻在心中,永远,永远……

与你共享

无论是对亲人的爱,对人生价值的追求,还是对世界的好奇心,甚至仅仅是对生命的执著,这些都是我们活着的理由。生命实在是很美好的,所以更需要我们去热爱、去珍惜。活着有一万零一条理由,等着我们去发现、去体会!

(安 勇)

作者简介

傅佩荣 1950年生,祖籍上海。台湾大学哲学系教授。美国耶鲁大学哲学博士。著作近100种,涵盖哲学研究与入门、人生哲理、心理励志等。影响全球华人的国学大师,凤凰卫视《国学天空》栏目主讲专家,"傅佩荣人生问题讲座"系列被新浪、搜狐博客主推。其著作《哲学与人生》、《智者的生活哲学》、《智慧与人生》、《走向成功人生》、《孔子的生活智慧》等简体中文版已在大陆出版,反响很大。

调整好适当的心态

□(台湾)傅佩荣

谦虚是一个人在认识自我时,首先必须具备的心态,因为人一骄傲就看不清真相。只有谦虚的时候,我们才会退后一步,去了解自己的优点和缺点。了解缺点又比了解优点更为重要，因为缺点是一种拖力，会拖住我们的脚步，使我们无法往前迈进。一个人若能认清自己的缺点，化解这个拖力，则向前奋斗的力量就会增加，这也就是"化阻力为助力"。

敬畏则是对未来的一切保持开放，因为人生毕竟只是"过客"，所以必须做到不执著。有一句话说得好："我是过客，而不是归人。"通常我们到海外旅游，都会有过客的心态，因而对当地发生的事情不太关心；一旦回到了祖国，就会觉得自己是个归人，对这里所有的事情十分在意。

然而这种关心也只是相对的，我们的生命相比整个宇宙来说，只是一个过客而已。人的生命有开始也有结束，这个世界只能收容我的身体，却不能收容我的心和灵，尤其是灵这一部分。伊斯兰教中有一个观念：人在世上所拥有的一切，都只是"暂时借用"。譬如我住在一栋房子里，这栋房子不过是我暂时借用而已。我们所能拥有及把握的东西是非常少的。如此常怀敬畏之心，就能够认识到，生命不过像是沧海一粟。因此，凡事不要太过于自我膨胀。

常怀谦虚和敬畏的心，比较容易脚踏实地，也才能够认识自己。换言之，谦虚和敬畏是对待自己的基本心态。

其次，要在了解与宽容之间不断成长。法国有一句谚语："了解一切，就是宽容一切。"一个人如果能够完全了解一件事或一个人，自然会表现宽容的心态，因为真正理解的话，就会知道没有人是完美的，也没有人是完全邪恶的。有些人说："了解以后，才会宽容。"这就是我们所谈的第二步。

对待自己也是一样，我们要多了解自己，并且多宽容自己。我在一本书中读过一句话："不肯原谅自己才是一个人所犯最大的过错。"人在一生中难免犯下许多过错，然而犯错之后，要承担责任，还要能够原谅自己，让自己重新开始。如果永远不肯原谅自己，那么这一生就没有希望了，并且对于曾经犯的过错，也不再有补偿的机会。

因此，无论是对己或对人，都要有同样的了解与宽容，才能够保持创新的勇气。"创新"是一件困难的事情，因为人往往习惯于自己生活的牢笼，受困于基本的生活模式中。创新需要很大的勇气，然而，不管过去如何，我们都要给自己机会重新开始。

知足者贫贱亦乐，不知足者富贵亦忧。

——[英]毛　姆

最后一点,我们要培养好的习惯。不好的习惯可能会变成牢笼,限制住自己,好的习惯却能够给我们一种安定感,因为有习惯就好像有轨道一样,有轨道才能够走得较远。很多习惯要从小养成,譬如"读书",读书没有特别的秘诀,如果每天都读一点书,长期下来就会成为一种习惯,思考自然变得比较开放也比较丰富,碰到事情的时候,能够想得比较周到,将平日所学习的观念应用在行为上。这是在知的方面,培养好习惯。

如果能把书中的观念,用在日常生活当中,我们会觉得自己的经验越来越清楚,最后甚至变得清澈透明,这就是"看透自己"。看透自己之后,就不会每次遇到烦恼,都沉沦在同样的惯性之中,而束手无策。这里所强调的,是一种"反省"的工夫。

在情方面培养好习惯,是可以验证的。一个人如果不懂得如何与人相处,或者不善于表达情感,可以借由培养习惯,针对特定对象来表达自己的情感或善意。首先我们要了解对方的喜好,然后针对他的喜好去建立一种行为模式,一旦建立了这种模式,并形成了习惯,自然能让他感受到你的善意。对自己而言,这样做也不会有太大的压力。

在意方面也需要培养良好的习惯。意志上的习惯是指定期让自己的人格特质有所提升。以我而言,每隔几年会为自己设定座右铭,有了座右铭之后,等于是在意志上出现自我要求,期许自己能够在几年之内达成座右铭的目标。譬如,我年轻时选择的座右铭是:"人的性格就是他的命运,要改变命运,先改造性格。"接着我分析"性格"为性向与风格,其中,性向是天生的,而风格是后天的,可以由学习来调整。我学习正确的人生观念并且培养自律的生活习惯,久而久之,感觉自己的人生可以掌握在自己手上了。

总之,在知、情、意三方面,以及具体的生活内容上,都要设法培养良好的习惯。

起步的心态从谦虚和敬畏开始,进展到了解与宽容,最后要培养好的习惯。这样一来,自我走上比较正确的轨道,可以往成长的方向发展了。

与你共享

成长不是一件容易的事,它往往伴随着痛苦和迷惘,但它并非是个不解之谜。常备谦虚、敬畏之心，及时了解、宽容自己，养成好习惯都是我们成长中必须具备的，而好心态如同秘密武器可以战胜成长的痛苦和迷惘，让我们终身受益。 （安　勇）

作者简介　流沙　原名陆勇强。当代作家。1997 年开始文学创作，近百篇文章被《读者》、《青年文摘》、《知音》及海外媒体转摘。著有文集《羁绊我们脚步的是什么》、《感觉好才是真的好》等。

上帝的礼物

□ 流　沙

　　四位野外探险爱好者在一次长假中到原始森林中游玩，他们计划在原始森林中跋涉一周，然后回到平原地带。

　　进入原始森林的那天，风和日丽，一切显得十分宁静。他们的心情也很舒畅，一路上有说有笑，原始森林边缘的美丽景色让他们叹为观止。

　　随着走向森林的纵深，路况越来越差，树丛越来越高，最后路消失了，阳光也被参天的大树遮住了光线。他们进入了一个阴暗、瑰丽、充满神奇和危险的莽原之中。原始森林在他们面前展现出它的神秘，周遭死一般的安静让他们可以听到自己心跳的声音。

　　这一切，都让他们感到兴奋，这是从来都没有体验过的快乐。第四天，他们闯入了原始森林的浓雾区，凭野外生存知识，进入雾区是很危险的。但他们却轻信了自己的判断力，第五天的时候，他们感觉到在森林中迷路了。

　　每个人都知道，在原始森林中迷路意味着什么。他们在越来越浓的大雾中寻找方向，企图走出雾区，这样的努力进行了七天，但一次又一次地

　　征服自我的人是最了不起的胜利者。
　　　　　　　　　　　　　　——[美]比　彻

全都失败了。绝望随着时间一分一秒地在累积,压得他们喘不过气来。祸不单行的是,一位同伴在涉水时被急流卷走,他恐怖的"救救我"的呼声,只在眨眼之间就被咆哮的急流淹没了。

他们被大森林捉弄了。食物吃光了,水也用尽了,死神一步步向他们逼近。

为了活下去,他们凭以前学过的野外生存的知识辨别可以食用的植物,从树叶间寻找可以饮用的露水,一天天地维持着体力。

他们一次又一次地在浓雾区跋涉,企图冲出它。但最终总是回到几天前他们露宿的地方。

他们真的绝望了,有一名队员开始喃喃自语,然后又哭又笑,他们不愿再做这样徒劳的努力。

有一位叫韦伯思的队员不想在这里等死,他回忆着这10多天走过的路,决定再试一次。

可同伴们却不再听他的,他们躺在树林中,已经丧失了勇气。

第二天,韦伯思走了,过了许多时候,韦伯思却回来了,他大声喊:"天哪,我们有救了,我发现了一个酱鱼罐。"韦伯思手中晃动着一个蓝色的空罐头。

三个人抱在一起,激动不已。这说明这个地区有人来过,离平原地区已经不远了。

韦伯思把这只空罐随身带着,用一根细绳拴在他的腰间。在以后的20多天艰难跋涉中,每当同伴在企图倒下不再起来时,韦伯思就会摇动着那只宝罐,说:"嘿,这可是上帝赐给我们的礼物,我们已在森林边缘了。"

第50天,他们带着那只空罐走出了原始森林。所有人都不相信他们会活着,在这之前,救援人员多次进入森林纵深处,都没有发现他们。

韦伯思和同伴们接受了媒体的采访,他们说创造这个奇迹的是这只空罐。

可记者奇怪,在原始森林里,怎么可能有酱鱼罐呢?

韦伯思笑着说:"也许这真的是上帝给我们的礼物。"

可真实的情况却是,这只酱鱼罐是韦伯思遗忘在背包里未食用的。他撕去了标签,对同伴们撒了一个美丽的谎言。

这只空罐救了三个人的生命,有人提议让他们进行拍卖,但被他们拒绝了。因为这只空罐与他们的生命已不可分离,比任何东西都要金贵。

与你共享

这个世界上有许多事情让人感到绝望：环境对我们冷酷无情，努力不曾得到回报……但每当我们就要放弃的时候，却总有个挽留的声音在耳边回响。在生活的竞技场里，上帝给每个人都准备了一份礼物，那就是再试一次的勇气。

（安　勇）

作者简介　雪小禅　女，当代作家。生于上世纪 70 年代。《读者》杂志签约作家。发表于《读者》、《青年文摘》上的文章多次被评为全国读者最喜爱的作品。出版散文集《烟雨桃花》、《禅心百合》、《爱情禅》，小说集《一地相思两处凉》，长篇小说《刺青》、《无爱不欢》等。

快乐生活比第一重要

□ 雪小禅

那天，一家人一起看王小丫的"开心辞典"，不时哈哈大笑。这个节目，充满了智慧和人性的美丽。

总有梦想会被实现，也总有更多的陷阱虚位以待，而王小丫的微笑永远不败，不停地问你："继续吗？"继续下去，或者成功，或者失败，退回到原点。这是逆水行舟的世界，不进则退。

答对十二道题的人并不多，往往是到三道、六道或者九道题的关卡，因为一次失误，前功尽弃，被淘汰出局。但是选手依旧选择"继续"，面对这种刺激的新玩法，都不愿不继续。

猜疑往往是一种无谓的烦恼。

——[英]塞·约翰逊

当时,我正在犹豫是否考研。就业压力太大,周围的人都纷纷考研考博,寻求暂时的避风港。可是,我需要继续读下去吗?我更渴望工作,到社会的风浪里磨炼自己。

读大二的弟弟一直劝我:"姐,考研吧,现在大本还上哪儿混去啊?"

"学历并不能证明一切。"

"可是你想要出人头地就得读更多的书,继续向前!"

我无言以对。

思绪再跳到电视屏幕。新的一位答题者很幸运,已经闯到了第九道题。三个求助方法他已经全部用完,而这个题他毫无把握。他怀孕的妻子就在台下,关切地看着他。王小丫又在问:"继续吗?""不。"思索半刻,他眉头开了,很肯定地说:"我放弃。"

我一愣,王小丫也一愣。很少有人放弃,尤其在全国电视观众面前。兴许机遇好,蒙对了呢?弟弟不屑地说:"真不像个男人。太保守了!答错了往回扣分嘛,怕什么?"

王小丫继续问:"真的放弃吗?"她一连问了三次。他一丝犹豫都没有,点头:"真的放弃。""不后悔?"王小丫问。他笑:"不后悔,我设定的家庭梦想都已实现。应该得到的,已经得到了。"

就这样,他只答了九道题,没有冲向完美的十二道。男主持人问他:"如果你的孩子长大后问你,爸爸,那天在'开心辞典'你为什么放弃?"他说:"我会告诉孩子,人生并不一定非要走到最高点。"主持人问:"那你的孩子又问,那我以后考80分就满足了行不行?"他笑着回答:"如果他已经付出最大的努力,如果他对80分也满意,我赞同。不是每个人都要拿第一。人生懂得放弃,才会得到更多。"

全场响起了热烈的掌声。

那是一种更豁达的人生态度吧。从来我们都认为要永远追求,要一直向前,哪怕跌得头破血流。爬山时我们要达到山顶,怕停在半山腰被人讥笑;跑步时我们要撞到红线,仿佛那才能触碰到幸福。

可是为什么要继续?也许半山腰的风景更美丽,因为空气浓厚,各式各样的植物蓬勃生长;也许第一名还不如第二名幸福,因为除了胜利,人生还有更多趣味。

是的，在学会进取的同时，也应该学会放弃。放弃也是一种智慧，一种美丽。放弃的姿势，是我们准确地衡量自己、把握自己之后，做出的最现实决定，它不是保守，不是退缩，而是为了保护自己想要的一切。

于是，我决定彻底放弃考研，到一家公司从秘书做起，脚踏实地地寻找属于自己的天空。不奢求总是拿第一，但是，不能不快乐生活。

与你共享

能得到第一总是让人快乐的一件事情。那些不畏艰险、勇攀高峰的人，令人肃然起敬。可我们知道，挑战极限需要勇气和毅力，同样需要智慧和冷静。一步之差，勇敢就变成了鲁莽。面对抉择，要懂得坚持，也要学会放弃。　　　　　　　　　　　　　　　　　　　　　　　　（安　勇）

作者简介　　李雪峰　河南西峡县人，《读者》杂志签约作家。迄今已发表诗歌40余首，小品文500余篇，获奖30余次。著有作品集《心灵鸡汤·成长花园》、《心灵鸡汤·钻石宝地》、《心灵茶坊》等。散文《母亲的贺卡》被选入新加坡华文语文课本。

简 单 的 心

□ 李雪峰

哲人把一个小孩、一个物理学家、一个数学家同时请到一个密闭的房间里，在黑暗的房间里，哲人吩咐他们说："请你们分别用最廉价又能使自己快乐的方法，看谁能最快地把这个房间装满东西。"

哲人吩咐后，物理学家就马上伏在桌上开始画这个房间的结构图，然

至乐无乐，至誉无誉。

——（战国）庄　子

后埋头分析这个季节里哪里是光射最佳的方位，在哪堵墙哪个位置开一扇窗最合适，草图画了一大堆，绞尽脑汁的物理学家还是为不能确定在哪堵墙上开一扇窗而深深苦恼着。而数学家在听到吩咐后，立即找来了卷尺开始丈量墙的长度和高度，然后伏案计算这间房的体积，又在苦苦思索能用什么最廉价的东西恰到好处地把这个房间迅速填满。

只有那个小孩不慌不忙，他找来一根蜡烛，然后从口袋里掏出一根火柴，哧地燃亮了蜡烛，昏暗的房间一下子就亮了。在物理学家和数学家还迟迟皱着眉头设计着自己的种种方案时，小孩已经欢快地在屋子里围着摇曳的烛光幸福地跳舞和歌唱了。

物理学家和数学家看着盛满烛光的小屋，看着那个不费吹灰之力就简简单单获胜的小男孩不禁面面相觑。

哲人问物理学家和数学家说："你们难道没听说过用烛光盛屋这个古老的民间故事吗？"数学家和物理学家说："我们知道这个故事，可我们是数学家和物理学家，怎么会用这么简单获胜和获取幸福的方法呢。"

哲学家叹口气说："假若你们还是孩子，你们也一定会用这个方法的。但因为你们成了大名鼎鼎的数学家和物理学家，马上就能获取的快乐和幸福却被你们套上了一堆堆的图纸和公式；简单的心一旦复杂起来，欢乐和幸福就离你们越来越远了。"

是啊，许多幸福原本就是很简单的，譬如在口渴的时候遇到了一潭泉水，譬如在寒冷的时候找到了一缕温暖的阳光，但如果我们的心灵不再简单，你要计算找到泉水需要多远，你要细算等到阳光需要多久……而幸福距你就越来越远了。

其实幸福距你很近，只要你的心灵不复杂。

其实得到幸福很容易，只需要你有一颗简单的心。

与你共享

在生活的道路上，人人都有自己独特的行走方式。我们走过知识的矿场，情感的滩涂，还有意志的山冈，从这些地方采来的珍贵宝物，都成为我们心灵背包里的收藏。但是，有时我们必须学会暂时把它们抛下——如果它们过分沉重可能会妨碍我们自由奔跑。

（安　勇）

作者简介　　宋振杰　注册高级咨询师,曾任大型国有企业和政府部门领导职务,也曾担任民营企业高级职业经理人,价值中国网、中国管理传播网、中国人力资源网等八家经管类媒体专栏作家。著有《自我管理:经理人九大能力训练》、《黄金心态》、《好员工是这样炼成的》等。

心态是金

□ 宋振杰

世纪之交,国外一家杂志社举办征文大赛,题为《世纪展望——21世纪我最想要的》,并开出了高达一万美元的奖金。活动开始后,怀着对新世纪美好生活的憧憬,世界各地的稿件如雪片般纷至沓来,有近两万人参与了这次活动。杂志社对所有的稿件按文章标题进行分类,统计结果发现,最想要金钱的占 57%,最想要家庭幸福的占 21%,最想要权力职位的占 8%,最想要漂亮贤惠妻子的占 5%。

经过专家评审,出人意料的结果是:一篇不足 300 字的文章——《我最想要一个积极快乐的心态》,赢得了这次竞赛唯一的大奖。专家们的评审意见是:"无论你想要金钱还是权力,无论你想要幸福的家庭还是香车豪宅,如果你拥有了积极快乐的心态,你就什么都可以得到。在未来的人生和世界里,态度是最根本的竞争力。"

看到这里,相信你也会和我一样感触良多。

为什么一些人年富力强,既有知识又有能力,却工作业绩平平,成为"职业跳槽专家"?

为什么在许多企业里,老板和员工、上司和下属乃至同事之间总是针锋相对,不能和谐共赢?

为什么许多人事业和家庭不能兼顾,要么成为工作狂,要么职业发展受限?

苦闷对社会是不利的,对自己也是致命伤。

——傅雷

其实，除了少数天才之外，大多数人的智商、禀赋和条件都相差无几。想一想我们身边的同学和朋友，在走出学校大门的那一刻，大家都在同一个起跑线上融入职业和社会竞争的洪流。十几年过后，一些人找到了理想的职业，建立了幸福的家庭，实现了自己的理想和人生价值，也有一些人碌碌无为、牢骚满腹，最终在残酷的竞争中被淘汰出局、一无所获。

如果我们认真思考就会发现，从根本上决定我们生命质量的不是金钱，不是权力，甚至也不是知识和能力，而是心态！

根据心理学家的统计，每个人每天大约会产生五万个想法。如果你拥有积极的态度，那么你就能在快乐与创造之中把它们转换成迈向成功的能量和动力；如果你的态度是消极的，你就会在沮丧与抱怨之中把它们转换成走向失败的障碍和阻力。所以，人与人之间的差别既很小又很大，很小的差别在于心态是积极还是消极，很大的差别则是成功与失败。

每个人都是一座有待开发的金矿，而决定个人含金量高低的则是心态。纵使你才华横溢、能力超群，如果没有正面积极的心态，整日消极抱怨、患得患失，又怎么能实现自己辉煌的职业梦想与人生目标？积极端正的人生态度不仅仅有益于企业和他人，最大的受益者是我们自己。

职场的竞争表面上是知识、能力、职位、业绩、关系的竞争，实质上却是职业心态和人生态度的竞争；市场的竞争表面上是产品、服务、价格、品牌的竞争，实质上却是企业员工的品质、能力和心态的竞争。正如阿里巴巴总裁马云所说："看一个人、一家公司是不是优秀，不要看他是不是哈佛或斯坦福毕业，不要看它有多少名牌大学毕业生，而要看这帮人干活是不是发疯一样干，每天下班是不是笑眯眯地回家！"一个好员工、一家好企业就应该如此：工作时负责投入，生活中快乐阳光。

未来学家托马斯·弗里德曼在《世界是平的》一书中说："21世纪的核心竞争力是态度与想象力。"积极的心理态度已经成为新世纪比黄金还要珍贵的最稀缺的资源，是个人和企业决胜未来最为根本的竞争优势！拥有黄金心态，我们才能抵御职场"通货膨胀"的风暴，职业价值永远不会贬值；拥有黄金心态，我们才能领略快意人生的洒脱和事业成功的豪迈。

历史终将证明，我们这一代最伟大的发现是——人类可以经由改变态度而改变自己的命运。

与你共享

好心态不只是因为它难得,所以是"稀有之金",更因为它能给我们换来事业进步、家庭幸福,所以是"价值之金"。向别人要一条鱼,不如向别人学习钓鱼的方法。在垂钓成功的人生河岸上,好心态就是这样一支渔竿。　　　　（安　勇）

作者简介

周迅　女,1976 年生于浙江衢州。著名影视演员、歌手。被媒体评为与赵薇、章子怡、徐静蕾并列的内地演艺圈四大花旦之一。主演、参演影视作品多部,因主演电影《苏州河》获得第 15 届巴黎国际电影节"最佳女主角"奖;2006 年因主演《如果·爱》荣获台湾金马奖影后桂冠。

"没有"的快乐

□ 周　迅

　　没有炙手可热的职权,固然领略不到众星捧月般的威风,却因此独享一份真实的清醒而不至于骄横跋扈遭人痛恨。

　　没有大把钞票,也未必没有快活。最起码,不会因为钞票太多而提心吊胆,睡不好觉,生怕小偷入屋行窃,歹徒拦路打劫。不是富翁,可以活得轻松些。

　　没有做名人,就不会被别人瓜分掉自己的时间,就无须经常往返于宴席与酒会之间,使肠胃受满载之苦,自然也不必总是衣冠楚楚规行矩步不苟言笑。

　　没有漂亮姑娘的青睐,或许使你更珍惜那一份默默的关怀;没有了英俊的面孔便不必去应付那些烦人的追逐;真情、自然、坦荡、幽默会使你更

我们最初和最终的爱是自爱。
　　　　——[美]博　维

受周围人的欢迎；没有高贵的家世、时髦的"背景"，你便大可完整而真实地直面众俗，靠自己的每一个进取来证明一种真实的人生价值。

世上的事往往相辅相成：拥有之中便有失去，缺乏当中又自有获取。将人生的镜头调到不同的角度，便会产生奇妙的结果。"没有"之中的快乐，就是我们把人生当成一种得与失的循环而求其自然寻其明亮的结果。

与你共享

你是否也曾为"没有"而烦恼？权利、财富、名声、美丽……得到的人很少，遗憾的人很多。但是得到者未必幸运，未得者未必不幸。有时候反过来想想，没有这些光环也省却了许多负累。只要心满意足，"没有"也很快乐。

(安　勇)

作者简介

三毛(1943~1991)　女,原名陈平,生于重庆,祖籍浙江定海。台湾作家。曾旅居西属撒哈拉沙漠迦纳利岛,并以当地的生活为背景,写出一系列情感真挚的文学作品。代表作有《撒哈拉的故事》、《稻草人手记》、《梦里花落知多少》、《滚滚红尘》等。生前喜欢漫画大师张乐平的《三毛流浪记》,其笔名"三毛"也由此而来。

如果我是你

□(台湾)三　毛

不快乐的女孩：

从你短短的自我介绍中，看来十分惊心，二十几岁正当年轻，居然一连串地用了——最底层、贫乏、黯淡、自卑、平凡、卑微、能力有限这许多不正确的定义来形容自己。

以我个人的经验来说，我也反复思索过许多次，生命的意义和最终目的到底是什么，目前我的答案却只有一个，很简单的一个，那便是"寻求真正的自由"，然后享受生命。

不快乐的女孩，你的心灵并不自由，对不对？当然，我也没有做到绝对的超越，可是如你信中所写的那些字句，我已不再用在自己身上了，虽然我们比较起来还是差不多的。

如果我是你，第一步要做的事是加重对自我的期许与看重，将信中那一串又一串自卑的字句从生命中一把扫除，再也不轻看自己。

你有一个正当的职业，租得起一间房间，容貌不差，懂得在上下班之余更进一步探索生命的意义，这都是很优美的事情，为何觉得自己卑微呢？你觉得卑微是因为没有用自己的主观眼光观看自己，而用了社会一般的功利主义的眼光，这是十分遗憾的。

一个不欣赏自己的人，是难以快乐的。

当然，由你的来信中，很容易想见你部分的心情。你的表述能力并不弱，从你的文字中，明明白白可以看见一个都市单身女子对于生命的无可奈何与悲哀，这种无可奈何，并不浮浅，是值得看重的。

很实际地来说，不谈空幻的方法，如果我住在你所谓的"斗室"里，如果是我，第一件会做的事情就是布置我的房间。我会将房间刷成明亮的白色，在窗上做一个美丽的窗帘，在床头放一个普通的小收音机，在墙角做一个书架，给灯泡换一个温暖而温馨的灯罩，然后去花市仔细地挑几盆看了悦目的盆景放在房间的窗口。如果仍有余钱，我会去买几张名画的复制品——海报似的那种，将它挂在墙上……这么弄一下，以我的估价，是不会超过4000台币的，当然除了那架收音机以外，一切自己动手做，就省去了工匠费用，而且生活会有趣得多。

房间布置得美丽，是享受生命改变心情的第一步，在我来说，它不再是斗室了。然后，当我发薪水的时候——如果我是你，我要用极少的钱给自己买一件美丽又实用的衣服。如果我觉得心情不够开朗，我很可能去一家美发店，花100台币修剪一下终年不变的发型，换一个样子，给自己以

在不幸之后，后悔是无用的。

——[古希腊]伊 索

耳目一新的快乐。我会在又发薪水的下一个月,为自己挑几样淡色的化妆品,或者再买一双新鞋。

你看,如果我是你,我慢慢地在变了。

我去上上课,也许能交到一些朋友,我的小房间既然那么美丽,那么也许偶尔可以请朋友来坐坐,谈谈各自的生活或梦想。

慢慢地,我不再那么自卑了,我勇敢接触善良而有品德的人群(这种人在社会上仍有许多许多),我会发觉,原来大家都很平凡——可是优美,正如自己一样。我更会发现,原来一个美丽的生活,并不需要太多的金钱便可以达到。我也不再计较异性对我感不感兴趣,因为我自己的生活一点一点地丰富起来,自得其乐都来不及,还想那么多吗?

如果我是你,我会不再等三毛出新书,我自己写札记,写给自己欣赏。我慢慢地会发觉,我自己写的东西也有风格和趣味,我真是一个可爱的女人。

不快乐的女孩子,请你要行动呀!不要依赖他人给你快乐。你先去将房间布置起来,勉励自己去做,会发觉事情没有你想象的那么难,而且,兴趣是可以寻求的。东试试西试试,只要心中认定喜欢的,便去培养它,成为下班之后的消遣。

可是,我仍觉得,在这个世界上,最深的快乐,是帮助他人,而不只是在自我的世界里享受——当然,享受自我的生命也是很重要的,你先将自己假想为他人,帮助自己建立起信心,下决心改变一下目前的生活方式,把自己弄得活泼起来,不要任凭生命再做赔本的流逝和伤感,起码你得试一下,尽力去试一下,好不好?

享受生命的方法很多很多,问题是你一定要有行动,空想是不行的,下次给我写信的时候,署名"快乐的女孩",将那个"不"字删掉好吗?

你的朋友三毛上

与你共享

有时总觉得做一个快乐的人会很难,但那是因为我们还没有开始行动。快乐是从内心发射出的电波,只要内心是平和的、简单的,你就会接收到快乐的信号。

(安 勇)

作者简介

　　席慕蓉　女,1943 年生于重庆,蒙古族。台湾著名诗人、作家。1969 年在比利时布鲁塞尔皇家艺术学院以优异的成绩毕业后返回台湾。代表作品有《七里香》、《无怨的青春》、《成长的痕迹》、《有一首歌》等。

从容品尝生命的滋味

□(台湾)席慕蓉

　　昨夜与朋友喝茶闲聊,他说人生有三个境界:生存、生活、生命;我笑着回道,我也认为有三种人生境界:物质、半物质、精神;我们相视而笑。我们都是普通的人,融入人海,也就是一堆活动的物质而也;但这一堆物质却有着不可思议的力量,让浩宇中的这一个小星球变得异常的丰饶,悲悲欢欢的一幕幕一而再、再而三地你方唱罢我又登台。

　　我说生命的境界应该是自我的充分体现、精神与物质的完美结合。他说还有个人修为的浓厚沉淀。我又笑了,用那种欣慰的笑容。

　　有时候,聊些比较凝重的话题,虽然会有些歔歔感叹,但会让自己反思一些平日里认为不重要,日后老去时再去思考已经没有意义的问题。

　　生命是什么? 这是当年柏拉图与老庄同时思考的问题,然后延续到了今天,在静谧的书屋、在高高的论坛、在江边山麓,仍有许多不倦的思考者在孜孜地瞑目晗首,试图解出这一千年老题。思想是永不磨灭的,我控制不住自己的思绪。

　　也许是因为年轻,我们总是将一些不重要的东西看得重要,将一些重要的东西忽略;等有一日才发现自己如此的苍白,苍白得让自己害怕,害怕得将自己失去,从而不再去想自己,不想自己的一切,意义、价值、方向,让生命在麻木中自生自灭。

　　从一座古寺下山时,天已经微黑,城市的灯光如同以往一样依然摇晃得迷离。各种音乐从不同的角度刺入耳朵,让在宝刹中得到片刻清禅的灵

最聪明的主意还是自己的主意。

——[古罗马]西塞罗

魂再度充斥了现实的无奈。刚才的梵钟响起时，感觉生命里的那些是是非非得得失失全都不值得介意，在一尊佛前，我似乎钻入了他的塑像里，好像成了那不苟言笑的佛，冷峻地看看芸芸众生；而踏着下山的台阶，一步步我又走到了物质的世界，心的生命是空幽的，肉体的生命要由四觉牵引，人的物质属性决定我永远无法摆脱那些必须要面对的事实，无论是佛、道、儒，都是无法让我解脱的。

佛的四大皆空，道的修身养性，儒的入世中庸，全蕴我之心底，却无法融为一体，像体内的不同内力，仿佛要将人撕裂。

有时候对自己说，做一个生命的隐者吧。去听听草间的风声，去享受林木的呼吸，还有那夜的明月、雨的彩虹；我是从自然中走出的灵魂，应该将自己还给自然吧。可是，我没有足够的勇气去放弃生命的颜色。只能在一条本不愿意继续的道路上踉跄前行，然后一次次地迷失自己。我不懂得珍惜，也不懂得放弃。我无法从容地面对生命，品味生命。

不知何年何月，我会学会真正地爱惜自己的生命，那时候我必定也能学会真正地爱人和爱这个世界，用笑容去填补我的朋友的不快与失意。我知道我必须要去学会从容地面对生命的风雨，才能让爱人真正地快乐。

我们生存在一个文化与艺术都又重新萌发个性与特色的时代，每个人对于他人都是一个异教徒。这是一个科学推动着文明的时代，犹如多年前米兰敕令颁布之前，我们轮回到没有上帝的多神时代，文明也不会再次陨灭。一次次生命的放纵，或者悲歌，或者长歌，是如此多姿多彩地表达着生命的真实含义。

我想，那亘古以来似乎永不更改的璀璨夜空经历亿万光年的距离，一次次注视着从古寺上走下的人，那闪烁的微笑应该是真诚的吧，犹如我真诚地笑对着周围的人们。一点点微笑会换来朋友的一个美梦或者一份释怀，对于学经济的我来说，这个交换是不平等的，我付出的太少，而得到的太多，我睡得如此沉静，笑得如此安静。有一个时刻，我懂得了生命是要用心来享受，用灵魂来享受的，刹那的感悟，我知道自己将来会让爱人与家人快乐，是精神上的快乐，绵长而真实。

当生命的质量、厚度和内涵超出了以往的范围时，思考的结果也得到了一次飞跃。不是不为物喜不为己悲的境界，是一种恬然的喜悦。如果让生命显示了它宝贵的价值,如同陶醉在林木春花、春柳秋月,生命又何其幸哉。

生命的价值是否可以超过平凡,是否可以以一种完全奉献的姿态出现?不去索求回报,静静地爱,静静地帮助别人,然后收获心理上的一份礼物,其实得到最大利润的还是自己。因为能够真正品尝生命乐趣的人,已经被物流冲得七零八落,能留下来的,皆是幸运儿。

斯巴达的生命是剽悍的,雅典的生命是文明的;特鲁斯尔坎人在七个小丘上修起围墙的时候,人类已经懂得品味生命,无论用哪一种方式,恺撒享受的是悲壮,屋大维享受的是神圣。中国的古文化人们在奔波放逐中,也能笑着吟唱唐朝的云、宋朝的风。在品味自己生命的时候,也嚼出了历史的滋味。

昨日归家时,高空正好一轮稍椭的明月,月光垂直地射入我的百会穴,有一种清心的感觉,刹那间仿佛体会到了什么,却又什么也没有,只是在静静的树滨中紧了紧风衣,一步步朝家走去。

与你共享

生命是什么?不论是哲人还是圣贤,都不能给我们一个满意的回答。我们向往着精神生活的崇高,却无法摆脱物质生活的束缚。我们有七情六欲,可这正是生命独特的颜色。我们从爱的奉献中,收获爱的馈赠;在爱与被爱中,品尝出生命的滋味。

(巩高峰)

优柔寡断才是最大的危害。

——[法]笛卡儿

作者简介

蒋光宇　哲理散文作家,《读者》杂志签约作家。文章被《读者》、《青年文摘》、《海外文摘》、《中华文摘》等 300 余种杂志采用,并入选近百种图书。代表作品有《一沙一世界》、《一滴一海洋》、《钢琴上的黑白左右手》等。出版散文集《厄运打不垮信念》、《心态禅机》、《灵犀顿悟》等。

心态决定人生

□ 蒋光宇

美国和英国的两个心理学研究所,曾联合对中学毕业照中的部分学生进行了长时间的跟踪调查。

研究人员收集了一批初中和高中全班同学的毕业照,每张毕业照中都有四五十人,或五六十人。通过对每张毕业照的观察,总可以发现一些同学面带着善意的微笑和自信的光芒,也可以发现一些同学抑郁寡欢,好像别人欠了他多少钱似的。

毕业照中这两种不同表情的同学,在后来的工作和生活中究竟有什么不同呢? 这其中有没有什么规律呢?

为了彻底搞清楚上面的问题,研究人员收集了更多的毕业照,直到 5 千张;确定了更多的跟踪对象,直到 5 万人。经过长达 41 年的调查研究,结果他们发现:

从总体上看,毕业照中面部表情比较好的这部分人,其事业的成功率以及生活的幸福程度,都远远高于那些面部表情不好的人。

对于这两种不同命运的现象,心理学家解释道:人生,其实就是在不断地进行选择,不管是自觉的还是不自觉的,也不管是意识到的还是没意识到的。如果一个人从年轻的时候就选择了积极的心态,那么积极的心态就会一步一步地引导其走向成功和幸福。反之,如果一个人从年轻的时候就选择了消极的心态,那么消极的心态就会一步一步地干扰其走向成功和幸福。在这个意义上可以说,人生就是选择,选择决定人生。

　　从上面跟踪调查的结论,不禁让人想到美国著名心理学家马斯洛说过的一段名言:"心若改变,你的态度就跟着改变;态度改变,你的习惯就跟着改变;习惯改变,你的性格就跟着改变;性格改变,你的人生就跟着改变。"

❋ 与你共享

　　生活好像一面镜子,你笑得灿烂它就笑得灿烂,你消极失望它也同你一样。当遇到挫折的时候,也许不是生活出了问题,而是我们自己出了问题。面对不如意的生活,要改变消极的自我,并向未来踏出积极的一步! 　(巩高峰)

> **作者简介**　崔永元　1963年生于天津,4岁时随父母迁居北京。著名电视节目主持人。北京广播学院新闻系毕业,毕业后进入中央人民广播电台任记者。曾参与中央电视台《东方时空》等栏目的策划工作,后正式调入中央电视台。先后主持电视节目《实话实说》、《小崔说事》、《电影传奇》等。出版有《不过如此》。

生命中不能承受……　❋

□ 崔永元

生命中不能承受之乐

　　生活比相声、小品有趣,这是我的感受,举数例,以飨(xiǎng)读者。

　　1.在电台办节目时自我介绍:"我姓崔,叫崔永元,'永'是'永远'的

使劲懊悔吧! 深深地懊悔就是再生。

　　　　　　　　　　　　　　　　　　　——[美]亨利·大卫·梭罗

'永'，'元'是'元帅'的'元'"。过两天收到听众来信，"崔永帅收"，瞬间出一身冷汗，因为最初是想说，"元"是"元旦"的"元"。

2.一播音员念稿："下面请听《腊八舞曲》。"后经查实是《猎人舞曲》。

3.父亲生日，我买来一"寿"字大蛋糕，全家享用。为烘托气氛，我提问："谁知道'寿'是什么意思？"快言快语的外甥抢先回答："寿就是老也死不了。"

4. 一妇女在公共汽车上指着人民英雄纪念碑问儿子："宝贝，这是什么？""这是天安门。""不对。"妇女忙转过儿子的身体指着喷泉后面的天安门问："这是什么？""妈，我要喝水。"

5.在自由市场买黄瓜，小贩见到我高兴地问："你是《实话实说》的报幕员吧？"

6.数年前，朋友去广西北海，司机问："你们从哪儿来？""北京。"司机又问："北京离首都不远吧？"朋友说："挨着。"

7.新闻部主任时间组织开会，慷慨激昂地说："我觉得干电视关键要把握住两点，一是……"这时有人插话说："说得好，就应该这样。第二点呢？"时间怔了怔，思忖片刻："你先记住第一点吧。"

综上所述，证明一位学者说得确切："生活中不乏可笑之事，关键在于我们是否长了一双可笑的眼睛。"

生命中不能承受观众来信之乐

看《实话实说》的来信和看《焦点访谈》的来信是大不一样的，这一点你不看不知道。所以，每每看到"焦点"同仁无论男女在去食堂的路上依然眼神暗淡、脑门泛绿，就知道他们又被来信吓着了。

好吧，选几封来信让诸位一睹为快。

来信一：报名信A
听说你们下一个话题是左撇子的故事，我坚决要求参加。我是个地道的左撇子，因为我没有右手。

能感受到乐观吗？

来信二：报名信 B

听说你们要讨论医患关系，我认为我理所当然该是嘉宾，因为我已经干了 25 年兽医了。

能听出抱怨吗？

来信三：建议

我是个中学生，最近看了你们的节目《成长的烦恼》、《继母》等等，我非常不满足。我认为，你们应该讨论群众关心的、重大的、有意义的、有轰动效应的社会热点话题。现在我就推荐一个话题：当班干部吃不吃亏？

会觉得发蒙吗？

来信四：赞扬

那天，你在节目中说，你敢保证，每一封观众来信你都看过，我听了特别感动，你真好，我敢肯定，你是中央电视台最能说大话的人。

……是夸吗？

来信五：套瓷

亲爱的吉姆：第一次看你节目是在赈灾晚会上，你结结巴巴地念电话记录，给我印象很深；别人告诉我，你是《实话实说》的主持人，于是，我便开始注意你了。有一天，忽然看见电视上播你的节目，我急忙凑过去看你的名字，只见上面写着：继母。

没办法了，只好叫你吉姆了。

还有呢，没事儿到我们这儿看来信吧。

质疑是迈向哲理的第一步。

——[法]狄德罗

生命中不能承受之问

1.不经历风雨,怎么见彩虹。你经常做婚姻家庭节目,是否与你在这方面经验丰富有关?

这首歌中还有一句:没有人能够随随便便成功。

2.听说你去过许多地方,哪个城市最美?哪个民族的姑娘最漂亮?实话实说,别告诉我都美都漂亮。

最美的城市依次是上海、大连、厦门。最美的姑娘……你问的是化妆前的还是化妆后的?

3.你们叫《实话实说》,真能实话实说吗?你敢吗?

我敢。

应该说,公众对"实话"二字有误解,以为顺耳的话才叫实话。实际不然,有些人的话你听上去像官话、套话,但他就是这样想的,是他内心真实的表述,这应该算是实话。

4.报载你有意退出《实话实说》,你离开这里准备干什么呢?你认为你还能干什么?

离开这里,我到他们报社抗议去,因为他们砸了我的饭碗,我又没别的手艺。

5.你打算什么时候退休?退休以后怎样发挥余热?

电视台规定男的 60 岁退休,我要是能评上高级职称,还可以接着干。真退休了,我不想发挥余热,一门心思打门球。

6.浪子回头金不换,我决心重新做人,走正路,做正经生意,只是现在还缺 30000 元本钱,您一定得帮助我,别让我又走邪路。

你要这么容易就走邪路,谁敢帮你呢?

7.你们净说些没用的,反腐败为什么不说?

说的还少吗?反腐败就怕说说而已。顺便告诉大家,我们和《焦点访谈》、《新闻调查》是一家,同在新闻评论部,所以在选题上有所分工。

8.崔老师,为什么你有时间写书,而我们学校请你参加主题班会请了 3 次你都不来?架子太大了吧。

因为写一本书可以印成很多份,而主题班会得一个一个去开。

9.见到你们台长,你还那么贫吗?是不是也是堆起比平时更多的笑脸,还是邻居大妈的儿子吗?

我以为我见到台长还是原汁原味,还是邻居大妈的儿子,可我的同事说我见到台长更像邻居大妈的孙子。

10.崔永元你有偶像吗?你的偶像是谁?

有。田方、金山、赵丹等20多位老演员。

11.崔大哥我想用你的名字给我的小猫命名,可以吗?

可以。猫同意吗?

12.你业余时间都干些什么?你泡吧吗?你逛街吗?你去电影院看电影吗?你去球场看球吗?

我逛街、看电影,也看球。从不泡吧和看哲学方面的书,这两样事经常让我头疼。

13.崔主持,你不觉得你也掉进名人出书的俗套了吗?

是啊,他们名人出了那么多书,也该咱们老百姓出一本了。

与你共享

生命中有许多事情能让我们感到快乐,关键是你能否从它们之中找到这种快乐。生命中有许多事情会让我们感到尴尬,关键是你能否巧妙地化解这种尴尬。生命之乐要用快乐的心去承受,生命之难可用幽默加以转化。

(巩高峰)

人生，其实就是在不断地进行选择，不管是自觉的还是不自觉的，也不管是意识到的还是没意识到的。如果一个人从年轻的时候就选择了积极的心态，那么积极的心态就会一步一步地引导其走向成功和幸福。

成功失败平常心

　　平常心是一种境界。有时的失败，其实只是暂时的挫折，是整个成功线路上的一个小站；有时的成功，只是大失败的一个起点，一只鱼饵，一场虚幻，一段铺垫。所以失败何惧？成功何骄？成败欣然，宠辱不惊，才是境界。在追求的路上，不要太有成功和失败的分别心。古人说：淡泊以明志，宁静方致远。成功常常不在表面，不在一时，而在一种心态、一种境界、一个完整的过程之中。

作者简介

克莱门特·斯通(1902~2002) 拿破仑·希尔基金会主席、美国联合保险公司董事长,同时也是拿破仑·希尔晚年的挚友,成功法则的受益者、推崇者。他创立的美国联合保险公司因为实践成功法则而在短期内将资产从3000万美元跃升到9亿美元,从而成为应用成功法则而成功的最好例子。著有《获取成功的精神因素》、《信念与成就》等。

青少年受益一生的 名人心态感悟

积极向上的心态

□ [美]克莱门特·斯通

积极向上的心态是成功者最基本的要素,这是无条件的。

福勒是美国路易斯安那州的一个佃农家庭的黑人孩子。他们一家的生活苦极了。福勒5岁时开始干活,9岁就靠赶骡子挣钱了。这并不是什么特殊的事,农民或穷人的家庭都这样。这些家庭认为他们的贫困是命运安排的而并不要求改善生活,但小福勒的母亲是个优秀的农妇,她绝不这样认为。她知道她这贫困的家庭是在一个繁华世界中,她认为这个事实一定是有什么蹊跷的。于是,她说:"嗨,福勒,我们不该贫穷。我不愿意听到你们说:这是上帝的旨意。不,《圣经》里的每一个字都想让我们富起来。你为什么不去做一个出人头地的人呢?"这段话在福勒的心灵中刻下深深的烙印,以至改变了他的一生。

"我要致富,我要出人头地!"他的心在嘶喊!他决定把经商作为生财的一条捷径,最后他选择经营肥皂。于是他就作为流动销售员叫卖肥皂达12年之久。后来他获悉供应他肥皂的那家公司将拍卖,售价是150000美元。他已存有25000美元。双方达成了协议:他先交25000美元的保证金,然后在10天之内付清剩下的125000美元。如果10天过了付不出,他将同时丧失那笔作为自己全部储蓄的保证金。机会来了,但风险极大。然而,福勒很积极地去做这件事并取得了成功。后来他是这样告诉别人的:

"我心中有数,即使当时的情况太冒险。我从客户、朋友、信贷公司和投资集团那里获得了援助。在第 10 天的前夜,我已筹集了 115000 美元,但还差 10000 美元。我怎么也没有办法了,真要命! 那时已是深夜了,我在幽暗的房间里一遍又一遍地做祷告,渴盼奇迹出现。可是我知道奇迹之说是骗人的,于是毅然走出房门,我要再找找:仔细地搜寻。夜已深了,我沿着芝加哥 61 号大街走去。走过几条街后,我看见一所承包商事务所亮着灯光。我激动地走了进去。在那里,写字台旁坐着一个看起来因为经常熬夜工作而疲乏不堪的人。我一下子放松了许多。我好像认识他,我意识到自己必须勇敢些、再勇敢些。

"'先生,您想赚 1000 美元吗?'我直接地进入谈话。

"这话使得这位承包商吓得向后仰去。'是呀,亲爱的。'他答道。

"我一听见'亲爱的'这个词,立刻就愉快了起来。'那么,亲爱的,请给我开一张 10000 美元的支票;当我奉还这笔借款时,我将另付 1000 美元给你。'我对他诚恳地说。我接着就把其他借我款的先生们的名单及签有亲笔字的借款单给这位亲爱的承包商先生看,并详细地解释了我这次商业冒险的具体情况。承包商很感动,支持了我。这样,我就如期地付出了买到肥皂公司所需的资金。有了这家公司,以后的一切都很自然地发展起来了。"

福勒先生最后向我们强调的正是:一定要树立积极的心态。

与你共享

没有做不到,只有想不到,这句话在某种意义上是正确的。可行动必须由愿望来驱使,一个人如果没有成功的愿望,又怎能通过不懈努力获得最终的成功呢? 正是对成功的愿望,拓展了我们的洞察力,提供给了我们无尽的行动力和坚强的意志力。

(巩高峰)

自信是成功的第一个秘诀。

——[美]爱默生

作者简介　感动　曾用笔名温暖、兴旺,原名黄兴旺。《读者》杂志签约作家。黑龙江省人大《法治》杂志社的编辑、记者,从事法制类新闻报道多年。近年来创作了大量小品文、随笔被《读者》、《青年文摘》、《意林》等刊物转载。

青少年受益一生的 名人心态感悟

把阳光加入想象

□ 感 动

　　美国青年罗尔斯大学毕业后,开始为工作四处奔波,但很长一段时间后,罗尔斯并没有找到需要自己的职位。

　　不久,罗尔斯的朋友邀请他一起去夏威夷旅行。一天,沐浴在夏威夷海滩阳光下的罗尔斯注意到,很多在海滩上休闲的人在用手机聊天。但是他发现这些人不一会儿就不得不顶着太阳跑回停车场。这是为什么呢?罗尔斯从游客的抱怨中找到了答案。"该死的手机又没电了!"手机突然断电,竟打断了一些游客的开心之旅,这引起了罗尔斯的思考。如果有一种能在海滩上充电的充电器,这个问题不就解决了吗?

　　罗尔斯对太阳能极度痴迷,他曾在大学里设计制造过一辆太阳能自行车。此时,夏威夷海滨的阳光让他忽有所悟。为何不去利用这取之不尽的太阳能呢?他突然有设计一种便携式太阳能充电器的冲动。接下来,罗尔斯在网上购买了一款太阳能充电器并把它缝到了背包上。当他把这种太阳能背包拿到一个旅行网站上出售时,竟吸引了许多购买者。2005年,罗尔斯创立了罗尔斯设计公司,生产销售自己生产的"瑞特"牌太阳能背包。半年后,罗尔斯公司的产品竟在世界各地的海滩上占有了一席之地,公司也因此盈利8万美元。紧接着,罗尔斯又开始设计一种能为笔记本电脑充电的背包。结果,这种产品上市后更受欢迎,世界各地的订单雪片般飞向罗尔斯的公司。这使罗尔斯每个月有近两万美元的收益。

　　谁也不敢相信,一个为找工作而发愁的大学生,两年后竟成为一个拥有自己公司的老板。罗尔斯在接受一个电视节目采访时说：从开始到现在，我都没有做什么，我只不过是把触手可及的阳光加入了想象。

与你共享

　　发现身边的机遇并不难，只要你足够细心，善于观察身边点点滴滴的问题和现象。找到解决这些问题的点子也不难，只要我们开动脑筋、不轻言放弃。而灵感是奇妙的光明，一旦打开想象的窗户，它就会赏脸光临。　　　　　　（巩高峰）

作者简介　　池田大作　1928年生。日本创价学会名誉会长、国际创价学会会长。被誉为世界著名的佛教思想家、桂冠诗人、摄影家，文化和平的"民间大使"。代表作是摄影作品《与自然对话》。曾与我国武侠宗师金庸先生有过一场对谈，被视为中国文化与日本文化的两位优秀代表的世纪性对话。

要活在巨大的希望中

□[日]池田大作　铭　九　译

　　亚历山大大帝给希腊世界和东方、远东的世界带来了文化的融合，开辟了一条东西方交流的重要通道。

　　为了登上征伐波斯的漫长征途，他必须买进足够多的军需品和粮食等物，为此他需要巨额的资金。但他把所有的财宝和领地，几乎全部都给臣下分配光了。

　　群臣之一的庞尔狄迦斯，深以为怪，便问亚历山大大帝：

　　"陛下带什么启程呢？"

能克己，乃能成己；能胜己，乃能成物。
　　　　　　　　　　　　　　　　——（清）傅　山

对此，亚历山大回答说：

"我只有一个财宝，那就是'希望'。"

据说，庞尔狄迦斯听了这个回答以后说："那么请允许我们也来分享它吧。"于是他谢绝了分配给他的财产，而且臣下中的许多人也仿效了他的做法。

我的恩师，户田城圣创价学会第二代会长，经常向我们青年说："人生不能无希望，所有的人都是生活在希望当中的。假如真的有人是生活在无望的人生当中，那么他只能是失败者。"人很容易遇到些失败或障碍，于是悲观失望，挫折下去，或在严酷的现实面前，失掉活下去的勇气；或怨恨他人；结果落得个唉声叹气、牢骚满腹。其实，身处逆境而不丢掉希望的人，肯定会打开一条活路，在内心里也会体会到真正的人生欢乐。

保持"希望"的人生是有力的，失掉"希望"的人生，则通向失败之路。"希望"是人生的力量，在心里一直抱着美"梦"的人是幸福的。也可以说抱有"希望"活下去，是只有人类才被赋予的特权。只有人，才由其自身产生出面向未来的希望之"光"，才能创造自己的人生。

在走向人生这个征途中，最重要的既不是财产，也不是地位，而是在自己胸中像火焰一般熊熊燃起的一念，即"希望"。因为那种毫不计较得失、为了巨大希望而活下去的人，肯定会生出勇气，不以困难为事，肯定会激发出巨大的激情，开始闪烁出洞察现实的睿智之光。只有睿智之光与时俱增、终生怀有希望的人，才是具有最高信念的人，才会成为人生的胜利者。

与你共享

在迷惘的长夜里，希望是我们的火炬，它引领着我们前进的脚步；在懈怠的荒漠中，希望是我们的甘露，它滋润着我们的咽喉；希望是载我们度过苦海的行舟，是斩断阴霾的利刃，是生长幸福的沃土。希望是什么？希望是强大人生的基本元素。

(巩高峰)

作者简介

契诃夫(1860~1904) 19 世纪末俄国伟大的批判现实主义作家、幽默讽刺大师、短篇小说巨匠、著名剧作家,与莫泊桑、欧·亨利并称"世界三大短篇小说家"。其代表作《变色龙》《套中人》堪称俄国文学史上精湛而完美的艺术珍品。他的名言"简洁是天才的姊妹"也成为后世作家孜孜追求的座右铭。

生活是美好的

□[俄]契诃夫

　　生活是极不愉快的玩笑,不过要使它美好却也不很难。为了做到这点,光是中头彩赢了 20 万卢布、得了"白鹰"勋章、娶个漂亮女人、以好人出名,还是不够的——这些福分都是无常的,而且也很容易习惯。为了不断地感到幸福,甚至在苦恼和愁闷的时候也感到幸福,那就需要:一、善于满足现状;二、很高兴地感到事情原来可能更糟呢,这是不难的。

　　要是火柴在你的衣袋里燃起来了,那你应当高兴,而且感谢上苍:多亏你的衣袋不是火药库。要是有穷亲戚上别墅来找你,那你不要脸色发白,而要喜气洋洋地叫道:挺好,幸亏来的不是警察!要是你的手指头扎了一根刺,那你应当高兴:挺好,多亏这根刺不是扎在眼睛里!

　　如果你的妻子或者小姨练钢琴,那你不要发脾气,而要感谢这份福气:你是在听音乐,而不是听狼嗥或者猫的音乐会。

　　你该高兴,因为你不是拉长途马车的马,不是寇克的"小点",不是旋毛虫,不是猪,不是驴,不是熊,不是臭虫……你要高兴,因为眼下你没有坐在被告席上,也没有看见债主在你面前,更没有主笔土尔巴谈稿费问题。

　　如果你不是住在边远的地方,那你一想到命运总算没有把你送到边远的地方去,你岂不觉着幸福?

　　要是你有一颗牙痛起来,那你就该高兴:幸亏不是满口的牙痛起来。

長久地迟疑不决的人,常常找不到最好的答案。

——[德]歌　德

你该高兴,因为你居然可以不必读《公民报》,不必坐在垃圾车上,不必一下子跟三个人结婚……

要是你给送到警察局去了,那就该乐得跳起来:因为多亏没有把你送到地狱的大火里去。

要是你挨了一顿桦木棍子的打,那就该蹦蹦跳跳,叫道:我多么幸运,人家总算没有拿带刺的棒子打我!

依此类推……朋友,照着我的劝告去做吧,你的生活就会欢乐无穷了。

与你共享

人们对于美好生活的追求是无限的。用一句广告语来说就是,没有最好只有更好。可能正是因为这种不满足,反而也让人容易忽视身边已有的幸福。退一步想想,其实当下的生活很值得我们珍惜——知足才知珍贵,知足就能体会到生活的乐趣和美好。

(巩高峰)

作者简介

罗伯特·林格 美国畅销书作家、演说家。曾任著名杂志《纽约客》、《时尚先生》的编辑和自由撰稿人。著有《权力的 48 条法则》、《诱惑的艺术》、《战争的 33 条战略》等,其中《权力的 48 条法则》为全球畅销书,被美国《财富》杂志推荐为"75 本最使人睿智必读书"之一。

人生的行李

□ [美] 罗伯特·林格 傅天心 译

身为人类的一员,宇宙让我印象深刻的地方就是它的巨大——大得使

我做任何"比较"都变得毫无意义。事实上,也已经没有"比较"可言了:在无限的宇宙之前,地球的地位甚至不如沙滩上的一粒沙;而以这种比较基础来看,我在地球上的地位则还不如一粒沙中的某个原子。

如果这就是我在宇宙间的真正地位,那么我所碰到的问题又算老几呢?当然,这些问题对我都很重要,但是如果着眼于整个宇宙,它们就变得无足轻重。

我们每天碰到的困难当然都很真实,但我们若换一个较适当的观点来衡量事物,这些困难根本算不上是"大灾难"。在20世纪30年代晚期40年代初期,有个狂人叫希特勒,他以病态方式屠杀了600万犹太人。

三十几年后,在史卡德这个地方,有个当时遭难的犹太人的儿子发现自己正陷入层层的困难中:在公司里,有个家伙千方百计地想把他从目前的职位上挤下来;他的医生警告他立刻戒烟,否则要面临严重的后果;他的情妇威胁他,如果不快点和他的妻子办妥离婚,就要把他剁成碎片。好,如果这个人突然发现自己回到1942年的奥斯维辛集中营,会有什么结果?毫无疑问,以集中营的观点来看,现在所谓的困境简直就是天堂。

现在,假设你身在日本广岛,而时间是1945年,那我只好老实告诉你,你就要身陷绝境了!但是你只不过是最近在商业交易中被人骗了一大笔钱而已,我确信只要你能够冷静下来,理性地衡量一下你的情况,绝对可以找出一条活路——因为你并不在广岛,而现在也不是1945年!

你因步入中年而郁郁寡欢吗?有些人根本不会为这种问题沮丧。世界上还有许多地区人民的平均寿命仅有37岁,不管男人或女人,他们根本就不必经历所谓"悲惨的40岁生日宴会"!

你曾对柴、米、油、盐等日常开销头疼吗?请记住,这个世界每天平均有一万人死于饥饿,此外,还有好几百万人苦于营养不良所引起的各种疾病。

房租太贵让你烦恼吗?也许你宁愿是个生活在印度加尔各答的街头流浪汉。这些幸运的家伙从来不必为房租问题烦恼,他们生在街头,也死在街头。他们唯一要操心的事情,就是晚上睡觉前能不能找到一块破布当枕头。

当我们知道有这么多惨状仍在世界上很多地方被默默接受的时候,我们却因为在某个高雅的餐厅没占到好座位而大发雷霆;因为体重没有减轻而深感懊恼;为了每个月的账单抱怨不休。这就是我们的烦恼,我们的

怀疑主义者是不相信因果关系的。

——[美]爱默生

问题吗？到底拿它们来和什么标准作比较？

长期不间断地专注于痛苦是一件既不可能又不正常的事。所以，如果我们的手扭伤了还得上场打球，如果我们感冒躺在床上还得担心办公室积压的公事，我们当然会心烦，这一点绝对可以理解。但是我们处事的观点若只局限于这类芝麻小事，那么即使是最微不足道的困难也可能变成人生的主要障碍，于是拘泥于这种小节终将耗尽我们宝贵又有限的时间与精力。

两千多年前中国有一位思想家叫庄子，他有一段故事对我产生的影响非常深远。这位道家的宗师所表达的思想让我悠然神往。在那个古老的时代，人们无须忍受今天我们所面临的诸多紧张。他们无欲也无争，所以庄子有的是时间去思考：

"从前，我曾梦见自己变成一只蝴蝶，翩翩飞舞，四处翱翔。当时，我就有幻化成蝴蝶的激情。虽然是在梦中，我却意识清醒地自觉是只蝴蝶，再也感觉不出自己是以'人'的躯体存在。我突然醒转过来，发现自己躺在床上。在那一瞬间，我再也分不清自己到底是梦见变成蝴蝶的人，还是梦见变成人的蝴蝶？"

老天，你觉得自己糟透了——一大沓账单，情人老是和你意见相左，修车的费用是原先估价的两倍……但这又有什么好烦恼的？你只不过是只该死的蝴蝶，刚刚做了个噩梦！

有太多人在人生旅途上携带了太多的行李——许多行李其实是不必要的。尽可能丢弃那些所谓的问题及烦恼吧！放慢脚步，轻松一下，好好想一想。不要急着用压力锅想把所有食物一次煮熟，做菜得一道一道来，你最好一次解决一个障碍。

❋ 与你共享

有时候我们认为，生活中遇到了不可逾越的障碍。其实换一个参照的标准，我们面对的困难也许就不那么巨大了。过分计较眼前的问题，是一种短视行为，它会蒙蔽更为远大的目标。相反，一旦我们确认了人生的大方向，就能有条不紊地告别小烦恼。

（巩高峰）

亨利·大卫·梭罗(1817~1862)　美国著名作家。毕业于哈佛大学。曾协助爱默生编辑评论季刊《日晷》,成为先验主义运动的代表人物之一。主张人类应回到自然,曾在瓦尔登湖畔隐居。他的思想对英国工党、印度甘地和美国黑人领袖马丁·路德·金等人有很大影响。作品有《瓦尔登湖》、《郊游》等。

热 爱 生 活

□ [美]亨利·大卫·梭罗

不论你的生活如何卑贱,你都要面对它,不要躲避它,更别用恶言咒骂它,它可不像你那样糟糕。

你最富有的时候,倒是看似最贫穷。爱找缺点的人就是到天堂里也能找到缺点。你要热爱你的生活,尽管它贫穷,甚至在一个济贫院里,你也还有愉快、高兴、光荣的时候。夕阳反射在济贫院的窗上,像射在富裕人家的窗上一样光亮;在那门前,积雪同样在早春融化。我只看到,一个从容的人,无论在哪里都像在皇宫中一样,生活得心满意足而富有愉快的思想。

城镇中的穷人,倒往往是过着最独立不羁的生活。也许因为他们很伟大,所以受之无愧。大多数人以为他们是超然的,不靠城镇来支援他们;可是事实上他们往往是利用了不正当的手段来经营生活,他们是毫不超脱的,甚至是不体面的。

视贫穷如园中之花而像圣人一样耕种它吧!不要找新的花样——无论是新的朋友或新的衣服——来麻烦你自己。找旧的,回到那里去。万物不变,是我们在变。你的衣服可以卖掉,但要保留你的思想。

与你共享

金钱无法改变灵魂的卑贱,清贫也不能夺走精神的富裕。过多的养

自爱是人生漫长浪漫史的开端。

——[英]王尔德

料会使生活之叶腐烂枯萎,适量的贫瘠却使人格之花得到滋养。面对生活我们要无条件地用我们富足的心去热爱。唯有热爱,生活才会变得美好而丰富。

(邵孤城)

作者简介

李践 TOM户外传媒集团总裁、行动成功学创始人。出版有成功学著作《做自己想做的人》。

改变心态,就能改变自己①

□ 李 践

列夫·托尔斯泰说:"大多数人想改造这个世界,但却极少有人想改造自己。"

人是社会系统的一员,是人类社会这个大结构中的一个要素。人的位置取决于人与社会的关系,这种关系又决定于人所处的状态,即与周围系统交换物质、能量、信息的方式和量。

人有很多状态,不同的状态带来不同的效果和不同的结果,同时也就决定了你与世界(社会)的关系,即确定了你的位置。

状态主要表现为生理状态、心理状态和行为状态。

当你调整状态,改变自己时,你与世界交换的物质、能量、信息必然发生变化,你与世界的关系(结构量)就变了,你在社会生活中的位置就已经

---

① 本文原名为《改变自己的心态,就能改变自己的世界》。

发生了变化。同时,世界(社会系统)也必然要作出反应以适应新的关系——你的改变。世界,就这样被"改变"了。

比如你在生活中经常愁眉苦脸,这一定代表了你现在的位置和与世界的某种既定关系。如果你开始调整表情,诸事面带微笑。进行了这个调整(改变自己)之后,与世界(社会)交换的信息就改变了,你和周边的人际关系就发生了变化。微笑使你在社会中增加人缘和机会,这些机会必然使得你在社会中的位置发生变化,你会感到:世界变了!

美国一些学者的研究结果表明,一种真正以友谊待人的态度,引起对方友谊反应的比率高达 60%~90%。领导此项研究的博士说:

"爱产生爱,恨产生恨,这句话大致是不会错的。"

雨果的不朽名著《悲惨世界》里那个主人公冉阿让,本是一个勤劳、正直、善良的人,但穷困潦倒,度日艰难。为了不让家人挨饿,迫于无奈,他偷了一个面包,被当场抓获,判定为"贼",锒铛入狱。

冉阿让出狱后,到处找不到工作,饱受世俗的冷落与耻笑。从此,他真的成了一个贼,顺手牵羊,偷鸡摸狗。

警察一直都在追踪他,想方设法要拿到他犯罪的证据,把他再次送进监狱。他却一次又一次躲脱了。

在一个大风雪的夜晚,他饥寒交迫,昏倒在路上,被一个神父救起。神父把他带回教堂给吃给住,但他在神父睡着后,却把神父房里的所有银器席卷一空。因为他已认定自己是坏人,就应该干坏事。

不想,在逃跑途中,被警察逮个正着,这次可谓人赃俱获。

当警察押着冉阿让到教堂,让神父认定失窃物品时,冉阿让绝望地想:"完了,这一辈子只能在监狱里度过了!"

谁知神父却温和地对警察说:

"这些银器是我送给他的。他走得太急,还有一件更名贵的银烛台也忘了拿,我这就去取来!"

冉阿让的心灵受到了巨大的震撼。

警察走后,神父对冉阿让说:

"过去的就让它过去,重新开始吧!"

从此,冉阿让决心洗心革面,重新做人。他搬到一个新的地方,努力工

所虑过多,所做必然甚少。

——[德]席 勒

作,积极上进。后来,他成功了,毕生都在救济穷人,做对社会有益的事情。这说明,你用什么样的心态对待别人,别人就用什么样的心态对待你。你用什么样的心态对待生活,生活就怎样对待你。

战国时,梁国与楚国相临。两国夙有敌意,在边境上各设街亭(哨所)。两边的亭卒在各自的地界里都种了西瓜。梁国的亭卒勤劳,锄草浇水,瓜秧长势很好;楚国的亭卒懒惰,不锄不浇,瓜秧又瘦又弱,目不忍睹。

人比人,气死人。楚亭的人觉得失了面子,在一天晚上,乘月黑风高,偷跑过去把梁亭的瓜秧全都扯断。梁亭的人第二天发现后,非常气愤,报告给县令宋就,说我们要以牙还牙,也过去把他们的瓜秧扯断!

宋就说:"楚亭的人这种行为当然不对。别人不对,我们再跟着学就更不对,那样未免太狭隘、太小气了。你们照我的吩咐去做,从今天开始,每晚去给他们的瓜秧浇水,让他们的瓜秧也长得好。而且,这样做一定不要让他们知道。"

梁亭的人听后觉得有理,就照办了。

楚亭的人发现自己的瓜秧长势一天比一天好起来,仔细观察,发现每天早上地都被人浇过,而且是梁亭的人在夜里悄悄为他们浇的。

楚国的县令听到亭卒的报告后,感到十分惭愧又十分敬佩,于是上报楚王。楚王深感梁国人修睦边邻的诚心,特备重礼送梁王以示歉意。结果这一对敌国成了友好邻邦。

《周易》上说"穷则变,变则通,通则久"。这里的"变",正是指自己"变"——调整自己的状态(心态、生态、行态)。

改变自己,实质就是改变自己对世界的看法。

改变世界,实质就是改变世界对自己的评价。

与你共享

世界怎么对待我们,是敌意还是友善?也许并不像我们认为的那样不易改变。世界什么样子,并不取决于世界,更多的是由我们的心态决定。我们如何看待世界,世界就将如何对待我们。所以,改变世界的第一步就是改变我们自己。

(邵孤城)

作者简介

　　闾丘露薇　女,1969 年生于上海,1992 年毕业于上海复旦大学哲学系。凤凰卫视著名记者。1997 年加入凤凰卫视,采访报道过多项大型活动和重大国际事件,包括克林顿、布什访华,长江水灾、香港和澳门回归等。2003 年伊拉克战争爆发,美军轰炸巴格达时,她是在巴格达市区进行现场报道的唯一的华人女记者。有"战地玫瑰"之称。已出版随笔集《我已出发》、《行走中的玫瑰》等。

永远 25 岁

□ 闾丘露薇

　　从小大人就告诫我,做人要有礼貌,其中的一条就是不要随便问别人的年龄,特别是女性。不过身为女人,自己从来不介意别人问年龄,每次都老老实实告诉对方,当别人说真看不出来——不管对方是真心还是客气,我都会照单全收,美美地开心一下。

　　后来发现,在我的身边,和我一样从来不把年龄当成秘密的人很多,特别是在香港,虽然有的艺人会说我永远 25 岁,但是他们从来不会避讳自己的年龄。很多时候你会发现,虽然他们远远超过了 25 岁,但是又真的像是 25 岁。

　　其实年龄并不重要,重要的是自己的心态。一个星期天,我和香港的一帮好朋友一起带着孩子们,浩浩荡荡地去公园里聚会。我们 4 个妈妈谈着自己的工作、生活,孩子们不是每人都一样灵敏,有的就是爬不上单杠,于是我们这几个做妈妈的,马上来了一次演示,特别是其中的一个,从小学过体操,便使用专业的方法练起单杠,让孩子们,还有在一边的那些十五六岁的后生,都不禁"哇"的一声。

　　静下来想想,我们这 4 个妈妈都三十好几快四十的人了,在很多人的眼中,在公园里这个样子,实在有点不太符合自己的年龄和身份。

自我控制是最强者的本领。

——[英]萧伯纳

其实问题就出在这里。社会上为不同的年龄设定了不成文的一些规矩,在什么样的年龄就应该做什么样的事情,甚至连什么年龄应该穿什么样的衣服,留什么样的发型,也有了一定的模式。于是很多人不自觉地,到了怎样的年龄,就去做怎样的事情。

很多人说,香港人很难看出实际的年龄,这是真的。很多香港的男生,40岁了,看上去还像是20多岁刚从学校毕业的样子;30多岁的女生,还穿着满身的Hello Kitty。大家做的是自己想做和喜欢做的事情,没有想过是不是适合自己的年龄这个问题。永远25岁,并不是要在大家面前装嫩,而是自己的心境真的一直保持在年轻的状态。

有一句话:相由心生。我觉得很有道理,心理保持年轻活力,不那么沉甸甸的,人也就看上去年轻了很多。很多女人担心衰老,过了30岁,就害怕40岁的到来。我自己倒从来没有什么年龄的概念,我知道自己多大,也会告诉别人,但是从来不去想它意味着什么,所以对于年龄这个数字概念,从来没有恐慌过。

生理的衰老必须承认和面对,我们所能做的,就是让这种衰老来得慢一点点;但是心理衰老的快慢却是我们自己可以掌握的。

与你共享

谁都希望能够永葆青春,但没有人能够改变身体的衰老。然而,身体的衰老并不是最可怕的,可怕的是连人的心都衰老了。身体的活力是从心里生发出来的——要想常有青春活力,就必须有一颗足够健康、活泼和年轻的心!

(邵孤城)

作者简介　罗西　福建人。福建青年杂志社记者、副编审,《读者》、《家庭》等刊物的签约作家。在《女友》、《希望》、《新青年》、《人生与伴侣》等全国 20 多家报纸杂志上开设过专栏。出版个人专集《情感心理拉链》、《心情美言》、《苹果的诱惑》、《看着我别走》等 10 余部。

找个合适的口头禅

□ 罗　西

几乎每个人都有口头禅。口头禅可以暴露个性,起到某种心理暗示的作用。它是无意中形成的,也可以有意培养强化。先看看明星的口头禅,以及显露出他们的特质。

刘翔的口头禅是"对"。他常常用"对"来断句、过渡。这是种很好的"肯定"心态,能起到正面的暗示作用,可以让自己更自信,也是对他人抱有善意与期望的表现。

周杰伦的口头禅是"diao",有"酷、帅、棒、好"的意思。从这里可以寻得他内心深处的一些秘密,起码可以看出,他渴望自己更有男人味、更强大,也表达自己做乖孩子的不安全感。他需要更跩(zhuǎi)、更有个性的力量证明。

蔡依林的口头禅是"是哦"和"然后"。可见她很小心,对世界一直带点妥协与顺应。"然后"透视出她想改变现状与不甘心的心理。她很矛盾,想脱俗又不得不随俗。

刘德华的口头禅是"不要啦"。他内心有很多拒绝的声音,对自己,也对他人。他害怕内心的秘密被翻开。内心在虚弱无助的时候,用这样温软的否定,求得残酷世界对自己能网开一面的信息回馈,也多少表达他内心的累以及"是放弃还是坚持"的挣扎。

杨丞琳的口头禅是"真的假的"。她还有些不成熟,希望给人没有威胁

对可耻的行为的追悔是对生命的拯救。

——[古希腊]德谟克利特

与企图的感觉。她更需要的是关爱,而不单是肯定。她是个需要很多爱的人,比较被动。

吴宗宪舞台上的口头禅是"这个厉害了……"。显然他有危机感,赞美他人的背后,是对自己现状的隐忧。他有强烈的表达欲,需要大家对他有反应,害怕寂寞与冷感。

中国人最常用的口头禅,往往是骂人或者消极否定的,如"郁闷"、"不会吧"、"晕"、"你好烦哦"、"我的妈呀"、"你脑子进水了"、"歇菜吧您"……可见目前中国人活得有些自我、不开心、焦灼。

不同地方的口头禅有所区别。"你知道吧",这是北京人说话的习惯,也透露出皇城根的人不自觉的优越感与好为人师的自大心理。广东人的"有没有搞错",多少带点温柔的怀疑精神。台湾人的"不好意思"、"拜托"折射出内在的某种"不安"与"优雅"交错的矛盾心境……

网络时代,口头禅可传染并与时俱进,如"那个巨……"、"饿滴神啊"、"汗"。只是不同的人会有不同选择,毕竟口头禅的形成,跟使用者的状态有关,可以算个性标志。例如常说"差不多吧"、"随便"的人大多安于现状,目标不明晰;喜欢用"据说"、"也许"、"算了吧"等词汇开头的人,或狡猾,或信心不足;常说"看我的"、"没问题"的人一般较自信或者自负,相对而言乐于承担责任。

口头禅有心理暗示作用,消极的会在不经意间磨灭人的意志,肯定的口头禅如"谢谢"、"抱歉"等可以赢得好人脉与机会,最重要的是在潜移默化里影响自我成长。给自己量身定做一个口头禅,是现代人处世为人应该做的新功课。它是形象包装的重要部分,也是自我心理训练的开始,终生受用。

与你共享

"口头禅"、"口头禅"……里边还是有"禅机"的。不论我们说什么,我们自己都是第一位听众。口头禅与其说是讲给别人听的,不如说是一种不断反复地自我暗示。通过口头禅,我们可以更好地了解别人,也能更好地改变自己。

(邵孤城)

作者简介

　　菀云　女,原名薛明明。畅销书作家、思想教育家、心理咨询家。人事部人事科学院研究员、"爱与成功"俱乐部主席、深圳市现代传播应用有限公司董事长、菀云成功学校校长。著有《感悟》、《感悟续集》、《超越感悟——突破你自己》、《爱与成功》、《爱与智慧》等。

成功失败平常心

□ 菀　云

　　追求是什么？追求是自我表现,就是人活着的希望。"会当水击三千里,自信人生二百年",这种"磅礴万物,挥斥八极"的潇洒雄风,就是追求过程中的一种成功者精神。至于结果成败又往往"大象无形"、"大音希声"、"大智若愚"、"大巧若拙"。

　　所以,有时的"失败",其实只是暂时的挫折,是整个成功线路上的一个小站;有的"成功",只是大失败的一个起点,一只鱼饵,一场虚幻,一段铺垫!所以失败何惧?成功何骄?成败欣然,宠辱不惊,才是境界,在追求的路上,不要太有成功和失败的分别心。成功常常不在表面,不在一时,而在一种心态、一种境界、一个完整的过程之中。

　　例如我写书,初出茅庐时,书市跑完,无人理睬,我也不视为"失败"。股市跌到底,人人都认为无救之时,其实也就是天亮之日,买就绝对没错!人人都不谈理想,你来谈,那就是独一无二,独树一帜!我就偏要试!不成功则成仁!义无反顾,竟然一飞冲天!粗糙的处女作,居然一炮走红!所以"失败"二字不要说得太早,自己更要"永不言败"。出名以后,千万声"成功"来了,你又要清醒:成功在很多时候是个坏事,物极必反,成功后很难再超越前身,那就等于走下坡路,逆水行舟,不进则退,没有中间道路。灿烂之极,必然平淡。所以成功是威胁,是挑战,是重负,是失败的开端,哪里有骄傲的余地!成功既是丰碑,也可能成墓碑。所以,胜不骄,败不馁者,成

　　把希望建筑在意欲和心愿上面的人们,二十次中有十九次都会失望。
　　　　　　　　　　　　　　　　——[法]大仲马

也英雄败也英雄！成败于我平淡如水，平衡自如，都视如同样正常之事，没有太大的反应。所以，当我演讲获得一百多次掌声，签名排队人如潮涌，我也坦然安详。因为我知道，兴奋、激动、得意下来，紧跟着就是血压骤低，因我低血压严重。当熬夜太多，体力透支，沮丧之时，我又想：苦尽甘来，快熬到头了！一分劳力一分代价，现在有多苦，飞出去就有多高！天就要亮了！没什么了不起！所以苦也就不觉苦了。

我到北大去演讲，北大的同学们告诉我：我们北大有个习惯，再大的名人，如有不对，我们都要批判，都会给他"嘘"声！你如准备不太成熟，还可再准备，同学们喜爱您，不愿伤害您。这对我是极大的挑战！我在北大门口小店考虑了半小时，我想：我从小就想读北大，可历史没给我这个机会，只让我读了一年初中。可今天，老天给我上讲台的机会，我却为何打退堂鼓，临阵脱逃？无非是害怕失败，所以人常常被自己打败，最大的敌人是自己。为何不抓住这机会挑战一下自己呢？

于是，我不卑不亢、神采奕奕地走上了北大讲台。一开始，我就坦诚地讲述了挑战自己的心路历程。我高声朗诵了那首我最喜欢的诗歌——《凡事感激》，这是一个新加坡朋友送给我的。

> 感激伤害我的人，因为他磨炼了我的心态；
> 感激绊倒我的人，因为他强化了我的双腿；
> 感激鞭打我的人，因为他激发了我的斗志；
> 感激欺骗我的人，因为他给了我智慧；
> 感激抛弃我的人，因为他教会了我独立；
> 凡事感激——感激一切使我坚强的人！

我还要再加上几句：

> 感激成功，因为它谱写了我的业绩和传奇；
> 感激失败，因为它使我成为一个有故事的人；
> 感激掌声和鼓励，因为它给我更大的勇气和信心；

同时,也感激批评和"嘘"声,因为它将给我冷静和自知之明!

我甚至还要感激失恋,否则哪有今日有血有肉、敢爱敢恨的菀云!

成也好,败也好,只要有这种心态,成也英雄! 败也英雄!

讲到此,台下再一次响起暴雨般的掌声。

我欣赏自己的气度。我对成败没有分别心。中国人太多谦谦君子,需要一点"狂妄"。遇到困难时,需要一点气度,女子就更如此。"自古雄才多狂妄",都不敢冒尖谁冒尖? 都不敢开拓谁开拓? 都不愿冒险谁冒险? 都不吃亏谁吃亏? 都想占便宜哪里来? 都怕"出头"谁卓越? 一个人就是要敢于超越自我,超越失败,超越平庸!

既然千古皆言"女子无才便是德",都怕成了"女强人"找不到老公,都退回厨房家庭当淑女,我不做英雄谁做英雄! 我不怕打击嘲讽,因为我的座右铭是:凡事感激! 打击嘲讽也好,赞扬鼓励也好,我都一样感激!

我就是要谱写自己辉煌灿烂、独一无二的精彩人生!

人生最大的快乐就在于你有八分的才华而你却用到了十分;最大的痛苦就在于你有十分的才华你连五分都没有用足。前者的评分应是120分! 我要让自己的人生评上120分!

难怪男同胞害怕"残局人格"的女人,因为在她们身上,显示出来的人性、人格过于破碎、沧桑。新时代的女性,人性就是要光亮、年轻、壮美! 我欣赏这种美,像佛光一样璀璨,莲花一样纯美。生命的功能永远像春天!

多年来饱受压抑的同胞们,快揭下阿Q头上的毡帽,脱去孔乙己身上的长衫,抛掉祥林嫂手中那开了裂的竹竿! 安娜,快从铁轨上站起来!"武则天做皇帝,谁敢说男尊女卑!"(鲁迅语)贾宝玉早该走出贾府,顾城又何必去自杀,三毛啊,你为何不能超越自己!

超越是一种潇洒,超越是一种情致,超越是一种解脱。我们炎黄子孙

乐天知命,故不忧。

——《易经》

要摆脱的是:安于现状,惧怕改革,永远走不出外婆的澎湖湾,害怕打破坛坛罐罐。这是小生产者对传统生产方式的依恋。朋友!勇敢地走出束缚自己的阴影吧,外面的世界多精彩!

走出传统,走出自我!在历史的沉思中,多留点儿清醒,少留点儿醉,坦坦荡荡过一生。请记住:饮罢黄河万事休,人杰鬼雄也风流!这才是真正潇洒的人生!

与你共享

人生有成功也难免有失败,就像将军上战场打仗,胜败乃是常事。对于成败,我们并非毫不介意,只是我们不要患得患失。我们看重成功,但并不就此骄矜狂妄;我们避开失败,但也不因之畏缩不前。坦然面对生活中的成与败,才能成就生命的辉煌。

(邵孤城)

作者简介 林清玄　1953 年生,台湾高雄人。著名记者、散文作家。1979 年起连续 7 次获台湾《中国时报》文学奖、散文优秀奖和报道文学优等奖等。作品多次被中国台湾、大陆、香港及新加坡选入中小学华语教本,是国际华文世界被广泛阅读的作家,被誉为"当代散文八大家"之一。作品有散文集《莲花开落》、《冷月钟笛》、《温一壶月光下的酒》、《鸳鸯香炉》、《金色印象》等。

生命的出口

□ (台湾)林清玄

坐在窗边喝茶看报纸,读到一则消息:一个高中女生为情跳楼自尽。第二天,她的男友从桥上跳入河心,也自杀了。

这时候，一只小黄蜂从窗户飞了进来，在室内绕了两圈，再回到原来的窗户，竟然就飞不出去了。

可怜的小黄蜂不知道世上竟有"玻璃"这种东西，明明看见屋外的山，却飞不出去，在玻璃窗上撞得咚咚作响。

忙了一阵子，眼看无路可走了，它停在玻璃上踱步，好像在思考一样，想了半天，小黄蜂突然飞起来，绕了一圈，从它闯进来的纱窗缝隙飞了出去，消失在空中。

小黄蜂的举动使我感到惊奇，原来黄蜂是会思考的，在无路可走之际，它会往后回旋，寻找出路。

对照起来，人的痴迷使我感到迷茫了。

对于陷入情感里的男女，是不是正像闯入一个房子的小黄蜂，等到要飞出时已找不到进入的路口？是不是隔在人与生活之间的情感玻璃使我们陷入绝境呢？隔着玻璃看的山水和没有玻璃的山水是一样的，但为什么就走不出去呢？

在这样的绝境，为什么人不会像小黄蜂一样退回原来的位置，绕室一圈，来寻找生命的出口呢？

是不是人在情感里比小黄蜂还要冲动？

是不是由于人的结构更细密，所以失去了像小黄蜂那种单纯的思维？

是不是一只小黄蜂也比人更珍惜生命呢？

对这一层一层涌起的问题，我也无力回答，我只知道人在深陷绝境时，更应该懂得静心，懂得冷静地思考。在生命找不到出路时，更要退后一步，观照全局。或者，就在静心与观照时，生命的出路就显现出来了。

昨日当我们年轻时，有情感挫折的时候，都会想过了结生命，以解脱一切的苦痛与纠葛。

但是今日回观，并没有必死之理，那是因为情感的发展只是一个过程接一个过程，乃是姻缘幻灭；如果情爱受挫折就要自尽，这世界上的人类早就灭绝了。

何况，活着，或者死去，世界并不会有什么改变，情感也不会变得更深刻，反而失去再创造再发展的生机，岂不可惜复可怜？

正如一只山上飞来的黄蜂，如果刚刚撞玻璃而死，山林又有什么改变

想象之所以是想象，就是为了弥补现实。

——[俄]克柳切夫斯基

呢？现在它飞走了，整个山林都是它的，它可飞或者不飞，它可以跳舞或者不跳舞……它可以有生命的许多选择，它的每一个选择都会比死亡更生动而有趣呀！

第一次情感失败没有死的人，可能找到更深刻的情感。

第二次情感受挫折没有死的人，可能找到更幸福的人生。

许多次在情感里困苦受难的人，如果有体验，一定会更触及灵性的深处。

我这样想着，但是，我并不谴责那些殉情的人，而是感到遗憾，他们自己斩断了一切幸福的可能。

我的心里有深深的祝福，祝福真有来生，可以了却他们的爱恋痴心。

可叹的是，幸福的可能是今生随时可能创造的，而来生，谁能知道呢？

与你共享

爱情让人心动，可有时它也会让人陷入绝境，看不到出路。投身强烈的情感，需要激情，也需要冷静理智的头脑。情感的失败并不可怕，可怕的是对生命的不负责任——冲动无法带给我们更多东西，幸福只能用坚强的生命去创造。

（邵孤城）

快乐藏在自己的内心

莎士比亚在谈到人生的处境时曾经有过一个很经典的比喻:"我们的身心就是一个园圃,而我们的主观意志就是园圃的园丁。"不论我们是种植奇花异草,还是任其荒芜,那权利都在我们自己。也就是说,假如你愿意自己是快乐幸福的,你就可以做到,权利就在你自己的手里。境由心生,不论我们处于什么境地,我们都可以把它当做自己的福地。成功的时候,尽情地享受成功;逆境的时候,也有憧憬未来的希望和快乐。

作者简介 莫言 原名管谟业，1956 年生，山东高密人。当代作家。代表作有长篇小说《红高粱家族》、《檀香刑》、《生死疲劳》、《丰乳肥臀》等。《红高粱》获第四届全国中篇小说奖，并被著名导演张艺谋拍摄成同名电影。《红高粱》是中国第一部获得柏林电影节最佳影片奖的电影。

笑 的 潇 洒

□ 莫 言

　　人生一世，谁也不能不笑。即便是个傻子，也要傻笑；即便是个蠢驴，也要蠢笑；即便是个奸贼，也要奸笑；即便是个娼妓，也要浪笑……还有多种多样的笑：大笑、微笑、苦笑、佯笑、冷笑、淫笑、皮笑肉不笑……一笑千金。笑一笑，十年少。笑面虎。笑里藏刀。哄堂大笑。弥勒佛笑口常开。大英雄笑傲江湖。大文豪嬉笑怒骂皆成文章……

　　没有笑就没有生活，没有笑就没有文学。

　　小时候看《说唐》，知道了程咬金大笑三声而死的趣事。

　　看《三国演义》，曹操兵败赤壁，率残兵败将逃到乌林地方，见树木丛杂、山川险峻，乃仰天大笑，众将不知何故。曹操说："吾不笑别人，单笑周瑜无谋，诸葛亮少智。若是我用兵之时，预先在这里伏下一军，如之奈何？"一语未了，就听到一阵炮响，斜刺里杀出一彪人马，正是常山赵子龙也。好一阵掩杀，曹操仓皇逃得性命。又往前走了一段，曹操又仰天大笑。众人道：曹丞相您又笑什么？曹操说："吾笑诸葛亮、周瑜毕竟智谋不足。若是我用兵，就在这里伏上一支兵马，以逸待劳，我等纵然脱得生命，也不免重伤矣！彼见不到此，我是以笑之。"话未毕，早见四下里狼烟突起，一彪人马拦住去路，当先一员大将，正是燕人张翼德。自然又是一阵掩杀。曹操狼狈逃窜。逃到华容道上，他又一次仰天大笑，众人说您就别笑了吧。曹操说："若是让我用兵，在这里埋伏上一支兵马，就没有活路了！"一声炮响，关云长来了。

曹操这三笑，是真正的英雄的笑。他把战争当成了艺术。他虽然输了，但是还在为对手的作品的不尽完美处感到遗憾。直到三笑笑出了三支兵马，才消除了他的遗憾。尽管他一败涂地，但他还能为敌人的完善杰作而喝彩，非大英雄难有如此潇洒的表现。

20世纪70年代后期，大陆文化开禁，引进了香港电影《三笑》，演绎唐伯虎点秋香的故事，真令我如醉如痴。连看了三遍，连其中的唱词都能背诵。秋香那三笑，真是巧笑情兮、美目盼兮、迷死人兮。她的笑容在我的心中留下了深刻的烙印，至今没有磨灭，女人的笑原来是这般的迷人……

接下来又想起清朝蒲松龄老先生的《婴宁》了。这个小妖精爱笑成癖，动不动就笑得低头弯腰，不可自制。她笑得毫无来由，毫不做作，一片清纯，无比天真。音容笑貌，若在眼前。她到底笑什么？笑世间可笑之事，笑世间可笑之人。

进入现代社会后，人们每日为生活奔忙，会笑的人越来越少，发自性情的笑、天真无邪的笑、潇洒风流的笑，渐被做作矫饰的笑、虚伪阴险的笑、苦涩拘谨的笑所代替。而且笑有了价钱，可以买卖；金钱把笑都给腐蚀了。而今我说：不要那么多钱财，不要那么多斗争，不要那么多规矩，不要那么多……让人们恢复笑声和笑容，让人们尽情地笑，开心地笑，毫无顾忌地笑，真诚地笑，潇洒地笑，这世界会因此而变得比现在更美好。

与你共享

喜悦的时候，我们开怀大笑，抒发胸中无限的快意；忧愁的时候，我们皱眉苦笑，在自嘲中感到些许释然。笑令欢乐加倍，使痛苦减半。笑让人通透可爱，让人年轻健康。愿每个人都能笑得舒畅，笑得潇洒！

(邵孤城)

生活除了梦幻之外，也充满了现实。一个人不能靠回忆过活。

——[美]欧·亨利

作者简介

李敖　1935年生。当代学者,著名作家、评论家和历史学家。生于北京,后定居台湾。自誉为百年来中国人写白话文之翘楚。著作甚多,主要以散文和评论文章为主,有《传统下的独白》、《胡适评传》等。近年出版有《李敖的情话》、《蒋介石研究文集》、《李敖回忆录》等100多本著作,被西方传媒誉为"中国近代最杰出的批评家"。

为失败而笑

□（台湾）李　敖

　　有一个笑话,甲问乙说:"为什么这么愁眉苦脸?"乙说:"我的朋友被火车轧死了。"甲说:"难怪。你一定痛苦啊。"乙说:"我当然痛苦啊,他穿的是我的西装。"这个笑话有它深刻的另一面,就是乙这个人倒是个实际的人。他虽然无情,却很实际。碰到意外,他先检查实际的损失,这是极端小市民的境界。一个相对的故事是写孔夫子的,一个地方着了火,孔夫子只问人受伤了没有,不问马受伤了没有,"伤人乎?不问马"。这种境界,是极端大圣人的境界。当然,孔夫子所以有这种境界,一个可能的原因就是马不是他的。如果马是他的,他也许会像小市民愁西装一样愁起自己的马来。

　　还有一种以洒脱的方式处理损失的人,这就是"堕甑(zèng)不顾"的故事。汉朝有一个叫孟敏的,背了一个陶土烧的大瓶子走,一下子掉在地上,他仍旧朝前走,头也不回。人家问他怎么看都不看一下?他说已经破了,看有什么用?这种人就是洒脱。他不花一分钟时间去开碎瓶追悼会。

　　当然,开追悼会也是一种安慰。遭受了损失的人,总要哭几声,唠叨几句啊,这也是一种发泄。不过,一个人的高不高,就在这儿看出来。真正的高人是一声不响的。这种一声不响,叫"打脱牙齿和血吞",这是一种坚忍的态度。这种态度,赶不上孟敏那种"堕甑不顾"态度的洒脱,但也是第一流的。

青少年受益一生的励志书系

青少年受益一生的 名人心态感悟

"打脱牙齿和血吞"，就是牙被人打掉了，却吐都不吐出来，跟满口的血，一齐吞到肚子里，表示遭遇了任何失败和损失，都忍住一声不响。这种态度除了不够轻松外，很叫人佩服。

学会利用失败要分两种层次：第一层次是先从失败里检查残余，看看失败以后还剩下了什么，而绝不花一分钟时间去开追悼会，去唉声叹气，去借酒浇愁。如果根本就知道没有残余可剩，就干脆"堕甑不顾"。第二层次是做到不甘失败而哭，这一层次却要做到反为失败而笑。笑是笑着看失败。失败有什么好笑？失败就是有，就看你看不看得出来。笑不是取笑，是快乐，是真的因为不成功而快乐。

一般人以得不到什么而痛苦，我却以得不到什么而开心。因为我会想到得不到什么的好处那一面，一般人却绝对不会也不愿这么想，所以他们只因为失而痛苦，却不会因为未得而开心。

一般人只会庆祝成功，我固然也庆祝成功，但也庆祝失败。像我这样肯把失败当成功一样庆祝的人，全世界恐怕绝无仅有。我能从失败中看到它的好处，并且愿意这样看。结果，我从失败中看到成功的一面，从不幸中看到幸福的一面。一般人很少能够看到失败的好处，不会欣赏失败、享受失败，不会在一败涂地的时候，躺在地上，细闻泥土和草根的清香。很少有人知道，在有比赛的情形下，比赛下来，胜利者往往有两个，就是胜利者和躺在地上吹口哨的失败者。在没有比赛的情形下，一个快乐的失败者，本人就是另一个胜利者。人间的许多情景，均可如是观。

与你共享

为失败而笑是一种豪情，是一种气度。成功固然精彩，但失败同样可爱。一个人即使失败了也无须感到羞耻，只要他付出过足够的努力和智慧；一个人即使失败了也不必感到气馁，只要他能从失败中吸取教益。　　　（邵孤城）

作者简介　池莉　女,1957年生于湖北。当代作家。主要作品有小说《烦恼人生》、《来来往往》、《水与火的缠绵》、《不谈爱情》、《有了快感你就喊》,散文作品《怎么爱你也不够》、《真实的日子》,以及最新出版的纪实文学《来吧孩子》等,曾获首届鲁迅文学奖等多种奖项,多部小说被改编为影视作品,有多种文字译本。

快乐藏在自己的内心

□ 池　莉

青少年受益一生的 名人心态感悟

　　经常有记者问我:"请问你有什么个人爱好?"早年我经常被这样的提问堵在那里。后来我有经验了,接口就回答:"没什么。"其实,怎么会没有什么爱好呢?只是不愿意与记者说罢了。因为说不清。个人爱好既不是大众爱好,也并非流行时尚,这一点许多人不懂。很多记者希望你的回答是"登山"、"网球"或者"开车"、"时装"等等。其实我的个人爱好很多,其中之一就是甩手闲逛。

　　一般都是在夕阳西下的时候,我出门,两手空空,神态超然好似出家。每次的路线不一样,但有一个基本规律:首先在我们生活区转悠一圈,之后出大门,步伐矫健地往人烟稀少的地方行走。这一趟下来,大约两个小时左右。结果是血液循环良好,全身温暖通透,心平气和,神清气爽。

　　一路上,比如我看见家家户户的电视都开着,有的还是大屏幕,我就很快活。因为我既没有花钱买这么大的电视机,又不花电费,还不怕静电、辐射,以及久坐不动肚腩长肉,还不用经常后悔为一些格调不高的节目浪费宝贵时间。我看见人家围坐客厅打麻将,心里也快活,因为我不会打麻将且不喜聚众热闹,又少了一份应酬多了一份自己的时间。在路边,我看见一个中年女子在拍照,背景是原野、夕阳、国道与时髦登山车。只见她搔首弄姿,一再匀粉拍脸,却把灰尘扑满旅行鞋,大约这是要发到网上去的,大约主题要叫骑自行车穿越中原吧!我很快活,为自己对于当代社会状态窥一斑而见全豹。也为我自己一向不爱照相也不爱以照片示人感到满意：多不矫情啊，多不虚荣啊，多省钱啊，多省表情和精力啊。再看大路那边，川流不息的车又出事故了，追尾、碰撞、吵架，狼烟升腾，气急败坏，交警呜呜地鸣笛赶来。我真是非常同情驾车人，尤其同情女性，刚才还洋洋得意，转眼斯文扫地，头发急白。不过抱歉的是我依然很快活，因为我没有车，也从来不曾想要车。因此我就不会遭遇有车的危险和麻烦了。少花多少钱，少操多少心，少着多少急啊！

天渐渐黑去，我逐渐远离人烟与城市灯火，沿路遇上蟾蜍、多脚蛇和小虫虫们。我不怕。我不伤害它们，我敬畏它们，我的脚步声和气息都在传达我的心意，它们都懂。小时候也曾害怕荒野，长大了却害怕闹市。尤其现在，打劫和被打劫的，偷盗和被偷盗的……都集中在闹市，至少也是在公园。我行走的荒野没有任何物质，是富人与穷人都不可能存在的地方。我自己也身无分文，无任何金银首饰，还不佩手机戴手表，真是一干二净心里宽啊！快活！

原来樟树是春天换季，几乎是一夜落尽枯叶，枝头却先孕花蕾。是那种含蓄的花蕾，摸摸，一手的樟木香，捡起地上的黄叶，闻闻，依旧充满樟木香，遂拾得一捧，装进口袋，好生晒晒，岂不也是很好的天然薰香吗？快活！却可怜竹子，换季是这样地难，叶片要一点点地枯黄，难怪潇湘馆的林妹妹，最难消受的正是春了。看来"宁可食无肉，不可居无竹"的雅士生活原则，也是要因人而异的。几日不见，樱桃已经结出小果子。野苇子春风吹又生了。看大堆的建筑垃圾也有趣味，只要它们堆积得时间久一些，便有野草野藤悄然攀爬，默默地展开怀抱，大有呵护的意味，便觉得草木真是有情意的东西啊！

就这样，我每次甩手闲逛，每次都是快活的。回到家里，我总是情不自禁地说："太好了！"是什么太好？我要说：是一切！是眼睛看到的，是手摸到的，是鼻子闻到的，是心里想到的。学会放弃身外之物，这就是好。一个人身外之物越少，精神空间就越大；物质越少，累赘就越小。

与你共享

快乐离我们并不遥远，它就藏在我们的内心。然而，我们内心的空间

见多识广的人不会疑心重重。

——［英］罗·勃朗宁

也是有限的,在里面装了太多身外的负累,快乐就无处容身了。生活像是一幅写意山水,飞白和泼墨同样重要,修饰太过就会丧失其中的潇洒。 (邵孤城)

作者简介

陈安之 1967 年生于福建,现居台湾。知名成功励志专家。是当今世界著名潜能大师安东尼·罗宾的得意门生。作品有《21 世纪超级成功学》、《自己就是一座宝藏》等。

让自己天天快乐的秘诀

□ 陈安之

一般人遇到困难、问题时通常会花 80% 的精力在问题本身——他不想要的,花 20% 在解决问题——他想要的。

有效学习解决问题,就必须学习把 80% 放在解决问题上,20% 放在问题本身。

要注意你所想要的,而不是你所恐惧的。

许多人在一生中不断地盲目追求,虽然拥有财富和地位,但一点也不快乐。一般人都是得到了才快乐,我将教你如何快乐地得到。

首先了解一下影响心理状态的因素:

因素一:心态、心境。

因素二:肢体语言。即动作、表情、呼吸、肌肉收缩等。

因素三:内在注意力。

保持心情愉快的方法:

方法一:改变肢体语言。

人表现的好坏在于其心理状态,而动作能创造情绪,因此,改变肢体语言可以改变心境。当一个人充满朝气时自会抬头挺胸,沮丧时必定是垂头丧气。

建议你每日起床时做深呼吸,做健身操,以改变肢体语言的方法使心情达到巅峰状态。

方法二:改变注意力。

改变内在注意力就能改变肢体语言,改变肢体语言也能改变内在注意力。

而控制内在注意力的方法是积极思考。

方法三:积极思考。

积极思考的定义:不管发生什么事情,都看好的那面。事情的角度最少有两种,一是正面,二是负面,而如何将注意力集中在正面思考呢?

秘诀是注意你所想要的,而不是你所恐惧的。

成功者并非比你聪明,而是他比你会问更好的问题。

方法四:要问好的问题。

问问题的信念和步骤如下:

信念:任何问题的发生必有其目的,并且有助于我。

问句一:这种状况对我有哪些好处?

问句二:现在的状况还有哪些地方不完美?

问句三:我现在愿意做哪些事,以便达到所需要的结果?

问句四:我从现在开始即将不再做哪些事,以便达到想要的结果?

问句五:我现在如何做这些事,并且享受过程?

举长青春痘的例子:

信念:任何问题的发生必有其目的,并且有助于我。

问句一答案:排毒。

问句二答案:皮肤可以更好,可以更有自信。

问句三答案:吃水果及多一点睡眠。

问句四答案:少吃肉及油炸类食品。

问句五答案:出去买水果,运动。

马上解决问题,把注意力放在答案而不是问题本身。学会问问题的简

没有自尊心的人,即近于自卑。
——[英]莎士比亚

单方法是每天拥有良好情绪,诸如爱,热情,信念,健康,成功,卓越,快乐,感恩,贡献,温暖,行动等。

心理学中发现,潜意识无法分辨真假,如果你不断输入想要的信息,它就以为是真的。如果你每天一早起床就不断念以上列举的良好情绪,在不知不觉中心态就会往那些方向改变,经过 21~30 天养成习惯,那些感受会在潜意识中出现,每天就会有良好情绪出现。

因此,你不妨马上列出你想拥有的情绪,配合前面的步骤进行,那么每天都能感觉到快乐是件很容易的事。

与你共享

要让自己天天快乐不仅要有一个快乐的心态,还要开动脑筋,同时着手相应的实际行动。付出才有回报,快乐也是一样。快乐不会从天而降,它需要我们用心去孕育。

(韩昌元)

什么都快乐

□ (台湾)三 毛

(作者简介见第 18 页)

清晨起床,喝冷茶一杯,慢打太极拳数分钟,打到一半,忘记如何续下去,从头再打,依然打不下去,干脆停止,深呼吸数十下,然后对自己说:"打好了!"再喝茶一杯,晨课结束,不亦乐乎!

静室写毛笔字,磨墨太专心,墨成一缸,而字未写一个,已腰酸背痛。凝视字帖 10 分钟,对自己说:"已经写过了!"绕室散步数圈,擦笔收纸,不亦乐乎!

枯坐会议室中,满堂学者高人,神情俨然。偷看手表指针几乎凝固不动,耳旁演讲欲听无心,度日如年。突见案上会议程式数张,悄悄移来折纸船,船好,轻放桌上推来推去玩耍,再看腕表,分针又移两格,不亦乐乎!

山居数日,不读报,不听收音机,不拆信,下山一看,世界没有什么变化,依然如我,不亦乐乎!

数日前与朋友约定会面,数日后完全忘却,惊觉时日已过,急打电话道歉,发觉对方亦已忘怀,两不相欠,亦不再约,不亦乐乎!

雨夜开车,见公路上一男子淋雨狂奔,刹车请问路人:"上不上来?可以送你。"那人见状狂奔更急,如夜行遇鬼。车远再回头,雨地里那人依旧神情惶然,见车停,那人步子又停并做戒备状,不亦乐乎!

四日不见父母手足,回家小聚,时光飞逝,再上山来,惊见孤灯独对,一室寂然,山风摇窗,野狗哭夜,而又不肯再下山去,不亦乐乎!

逛街一整日,购衣不到半件,空手而回,回家看见旧衣,倍觉件件得来不易,而小偷竟连一件也未偷去,心中欢喜,不亦乐乎!

夜深人静叩窗声不停,初醒以为灵魂来访,确定是不识灵魂,心中惶然,起床轻轻呼唤,说:"别来了,不认得你。"窗上立即寂然,蒙头再睡,醒来阳光普照,不亦乐乎!

匆忙出门,用力绑鞋带,鞋带断了,丢在墙角。回家来,发觉鞋带可以系辫子,于是再将另一只拉断,得新头绳一副,不亦乐乎!

厌友打电话来,喋喋不休,突闻一声铃响,知道此友居然打公用电话,断话之前,对方急说:"我再打来,你接!"电话断,赶紧将话筒搁在桌上,离开很久,不再理会。20分钟后,放回电话,凝视数秒,厌友已走,不再打来,不亦乐乎!

上课两小时,学生不提问题,一请二请三请,满室肃然。偷看腕表,只一分钟便将下课,于是笑对学生说:"在大学里,学生对于枯燥的课,常常会逃。现在反过来了,老师对于不发问的学生,也想逃逃课,现在老师逃了,再见!"收拾书籍,大步迈出教室,正好下课铃响,不亦乐乎!

黄昏散步山区,见老式红砖房一幢,孤立林间,再闻摩托车声自背后羊肠小径而来。主人下车,见陌生人凝视炊烟,不知如何以对,便说:"来呷蓬!"客笑摇头,主人再说:"免客气,来坐,来呷蓬!"陌生客居然一点头,说:"好,麻烦你!"举步做入室状。主人大惊,客始微笑而去,不亦乐乎!

一念之欲不能制,而祸流于滔天。

——(北宋)程 颐

每日借邻居白狗一同散步,散完将狗送回,不必喂食,不亦乐乎!

交稿日期已过,深夜犹看《红楼梦》。想到"今日事今日毕"格言,看看案头闹钟已指清晨三时半,发觉原来今日刚刚开始,交稿事来日方长,心头舒坦,不亦乐乎!

晨起闻钟声,见校方同学行色匆匆赶赴教室,惊觉自己已不再是学生,安然浇花弄草梳头打扫,不亦乐乎!

每周山居日子断食数日,神智清明。下山回家母亲看不出来,不亦乐乎!

求婚者越洋电话深夜打到父母家,恰好接听,答曰:"谢谢,不,不能嫁,不要等!"挂完电话蒙头再睡,电话又来,回答,答完心中快乐,静等第三回,再答。又等数小时,而电话不再来,不亦乐乎!

有录音带而无录音机,静观音带小匣子,音乐由脑中自然流出来,不必机器,不亦乐乎!

回家翻储藏室,见童年时玻璃动物玩具满满一群安然无恙,审视自己已过中年,而手脚俱全,不亦乐乎!

归国定居,得宿舍一间,不置冰箱,不备电视,不装音响,不申请电话。早晨起床,打开水龙头,发觉清水涌流;深夜回室,又见灯火满室,欣喜感激,但觉富甲天下。日日如此,不亦乐乎!

与你共享

常捧一本书,细心品味,即使独自一人,即使并不富裕,可这难道不也是一种快乐吗?有什么不快乐的?小声问问自己,便会发现许多烦恼其实并不值得一提。存在就是一种快乐,只要还在这里,什么都快乐。　　(韩昌元)

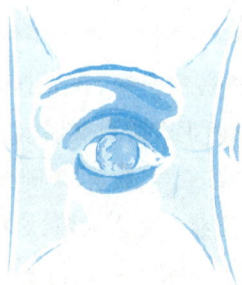

作者简介　肖复兴　1947年生于北京。当代作家。作品集有《音乐笔记》、《音乐的隔膜》、《聆听与吟唱》等,其中《音乐笔记》获首届冰心散文奖。《那片绿绿的爬山虎》、《向往奥运》、《荔枝》、《银色的心愿》、《寻找贝多芬》等文章入选大中小学课本。

关于好心情

□ 肖复兴

好心情是人生中最好的伴侣。

好心情是自制的一剂良药。

好心情能让自己妙手回春。

谁都会有坏心情的时候。

阳光灿烂的日子不会每天拥有。

月有阴晴圆缺,人有悲欢离合。人生的日子,就是这样一段好一段坏地串联起来的。

上帝就像是个卖东西的,好赖非要一起搭配卖,并不那么和善、讲道理。这是客观,这是现实,这是规律,谁也奈何不得。

都会有个病,甚至大病;都会有个灾,甚至大灾。失恋、失业、失学;缺钱花、少友谊、没爱情;儿子不孝、父母不公、婆媳不和;升级没指标、职称没希望、房子没盼头;领导不器重、孩子不争气、老婆不可心;要文凭没文凭、要年龄没年龄、要后台没后台……

阴郁的心情,就是这样随着阴郁的日子一起按下葫芦起了瓢,影子一样追随着你,可能刚碰着你的脑袋瓜,紧接着又砸着了你的脚后跟。这是没法子的事,谁也兴许得碰上。俗话说得好:看见狼吃肉的时候,你没看见狼挨打的时候;有在人前笑的时候,就有背后自己偷偷哭的时候……

所有的事情就是这样相辅相成,阴阳契合,像枝头的苹果一样,有红的一面,就有青的一面;再好再甜的果树,也有有虫的果。

好犯疑心病的人是一种慢性自杀。

——[美]爱默生

怎么办？愁眉苦脸？垂头丧气？悲观消沉？怨天尤人？骂天骂地？破罐破摔？咬到一个有虫的果子，就愤愤地把一棵树都砍掉？……管用吗？能得到别人的同情吗？即使得到同情又管什么用？《国际歌》里唱得好："从来就没有什么救世主，也不靠神仙皇帝，要创造人类的幸福，全靠我们自己。"靠我们自己什么？首先靠我们自己有个好心情。这是个首要的也是必要的条件，有了这个条件，才有可能迈出第二步，去创造一个未来。

好心情，会让阴雨连绵的日子出现阳光；

好心情，会让枯萎的花朵开放；

好心情，会让没路踏出一条新的道路来；

好心情，会让没有希望燃起一簇火苗来；

好心情，会让你骤然绽放一种新的面容，会像是点燃一根爆竹的捻儿，能响起你意想不到的声音，怒放出你意想不到的花朵。

别不相信，好心情，有时能创造奇迹。

就像虎豹为了抗寒需要一身漂亮而结实的毛皮；

就像树木为了果实需要一树茂盛而芬芳的花叶；鸟儿为了飞翔需要一副拍天的翅膀；

就像船儿为了航行需要一桅赴汤蹈火的风帆……

好心情就是虎豹的毛皮、树木的花叶、鸟的翅膀、船的风帆。

好心情可以伴你飞翔、帮你航行、助你御寒、鼓起你的勇气、树起你的自信，去努力结出命中注定的本来就该属于你自己的那一份果实。

好心情，确实是人生中的最好伴侣。

也许，你可能会失去别的心爱的伴侣，包括你的钱财、你的珠宝、你的宠物，甚至你的爱人……这都是很有可能的事情，但你千万别失去你的这个最好的伴侣。

让好心情伴我们一生！

与你共享

好心情是最坚硬的盾，可以抵挡烦恼箭矢的侵袭；好心情是最锋利的矛，可以洞穿忧郁筑成的石壁。当矛遇见盾的时候，它们就巧妙地结合在一起，变成一艘快速的划艇，载我们去生活的大洋历险，采撷梦中的海贝。 （韩昌元）

作者简介

陆文夫（1928~2005）　江苏泰兴人。当代著名作家。1956年发表成名作短篇小说《小巷深处》。其《献身》《小贩世家》《围墙》分获第一、三、六届全国优秀短篇小说奖，《美食家》获第三届全国优秀中篇小说奖。出版有多部中短篇小说集和长篇小说《人之窝》、文论集《小说门外谈》等。

与友人谈快乐

□ 陆文夫

你说我过得很快活，我承认，从某种角度来看，在同辈人中我算是活得比较快活的一个。但我想把快活二字改一改，改成"自在"，就是说活得还比较自在。自在的含义就是自然、自觉、自足、自我放气……最后的这一点虽有打油之意，但却是十分重要的。年轻时样样事都憋着一口气，那有好处，是想干点儿事业的。所谓志气是把志和气混合在一起的，如果有志而无气，那就缺少弹跳力，只能沉湎于空想之中。

随着年龄的增长，憋着的气越来越多，弹跳力越来越小，能干的事越来越少，这就造成进气多，出气少，如不及时放气，那是要爆炸的！有许多人活得不快活，不自在，我看就是憋的气太多，当年不堪回首，还有壮志未酬……

壮志未酬身先死，那是人生的悲剧。我看，我们这些人可以算是壮志已酬了，而且还没有死，何等的快活！你想使中国富强，你想改善人民生活，你想使你的儿孙不再受苦等等，这些都已经实现或正在实现。当然，所谓改善生活，不使儿孙受苦等等都是有高低，有差别，没有底。如果在没有底的海洋里硬是要去海底捞月，那就除了憋气之外再也没有出路。人和人是不能比的，你愤愤不平的时候可以说，他是个什么东西！他愤愤不平的时候也可以说，你是个什么东西！人只能是知足常乐，但也不必能忍自安。因为忍是一把刀插在心上，有时产生剧痛，有时隐隐作痛，样样事情都忍

直到后悔取代了梦想，一个人才算老。

——[美]巴里莫尔

在心里是要生癌症的。最好的办法是先知足,后放气,先忍着,后忘记。

你不要那么天真,不要以为活得快活的人就像鸟儿在天空飞翔,像鱼儿在水底嬉戏。其实,所谓的快乐大部分是一种自我的感觉,而且是一种事后的感觉。一件事情过去了以后,你把当时的烦恼、痛苦、屈辱、羞愧、灰心、疲惫等等全部忘记了,剩下的都是可以吹嘘,可以夸耀,可以使你快乐也可以使人快乐的劫后余灰。

你也曾体验过成功的喜悦,想想那成功的过程都是一连串的痛苦,如果你只记得痛苦,那就感觉不到喜悦。不信,你试试。人生不如意者常十有八九,你哪一天快乐过?

现在有很多人在练气功,我不知道有没有什么特殊的气功,能练得让那股子气能憋得住也散得快,能够吹着口哨去打拳击,打胜了快活快活,打不胜,拜拜,下次再来。

祝你快乐。

🌸 与你共享

人生自然不能万事如意,所以不必强求事事顺利。有抱负、有志向是件好事,但弄得自己压力过大就得不偿失了。"文武之道,一张一弛",放松和紧张一样重要。将生活的松紧带调节自如的人,才能过得舒坦,过得快乐。　　(韩昌元)

作者简介　高洪波　1951年生,内蒙古开鲁县人。诗人、散文家。曾在云南军旅生活10年。后在《文艺报》任编辑、记者。著有诗集《大象法官》、《吃石头的鳄鱼》、《鹅鹅鹅》、《喊泉的秘密》、《飞龙与神鸽》、《种葡萄的狐狸》等,后致力于散文创作。

快乐是财富

□ 高洪波

人生在世,用佛教的解释是一个"苦"字。我不懂佛,不懂的事自然不好信,但若用苦来涵盖人生,又似乎太简单了。因为凡事都有两重性,无乐,怎知其苦! 再简单不过的道理。

存在主义的女作家波伏娃说得更明了:"不存在正常的死亡,一个人所遇到的事,从来没有一件是正常的,因为人的存在表明人本身就存在问题。"说完这些深奥的话,让人似懂非懂,波伏娃却话题一转,谈起写作给予自己的快乐,注意,是快乐,而不是问题,"……我为把我驱往如此快乐的流放感到庆幸。"

写作明明是伏案苦耕的差事,波伏娃女士偏偏誉为"快乐流放"。可见苦与乐都属人生的重要内容,是互补的一对伙伴,离了对方,便都不存在,这有点像阳光与影子。

阐明这一点很重要,或曰:这是一种人生的观照态度。拥有了这种观照态度,我想我们就能够兴致勃勃地生活,而不是无精打采、怨天尤人。

兴致勃勃,首先是兴致。人生若缺了这种兴致,像北京去年时兴的文化衫上的印文:"别理我,烦着呐!"看什么都来气,碰到柱子都恨不得踢一脚,嫌它站得太直,当然谈不上兴致,而是成心向所有的人找茬儿,寻晦气,只能让人敬而远之。有了兴致,其实就是有了情趣、好奇心,平凡的生活中你能悟出不平凡的地方,类似这样的场面我就碰过两次。

人必自侮,然后人侮之;家必自毁,然后人毁之。
——(战国)孟　子

　　一次是在某个冬日里到吉林省出差住在省宾馆。一位姓王的老服务员给我留下极深的印象，怎么说呢，在老王身上丝毫没有服务员与服务对象之间的那种职业性对立，他总是在淳朴地微笑，这微笑让你想起亲朋好友，而不是职业性的那种应酬式的微笑。那一个冬日里，吉林宾馆的老王师傅成了我观察的对象，我注意过他的脸，注意在与客人相对时和相背时他笑容的区别。我很挑剔，企图寻找出截然不同的表情，因为我见过将笑容当成面具的公关先生，一旦背转脸时那可怕的冷漠。可是老王令我彻底失望，他的微笑出自内心，出自一个快乐的美好性格。人与人相处，凭信息传递一些细微的、不可名状的感觉，真诚与虚伪、傲慢与自卑，你马上可以体会出来，老王的真诚令我叹为观止。他真心地喜欢餐厅服务员这一个职业，就像北京王府井百货大楼已逝世的劳模张秉贵一样，喜欢站柜台。只是老王生不逢时，没人赞许他由衷的奉献，可时隔十几年我还能写下这段文字，起码证实了真诚微笑给予人的心灵共振。

　　另一次是在列车上，我遇到一个牡丹江林场的小伙子，他的下铺是一个病恹恹的妇女，小伙子跑前跑后地照顾这妇女，还不断说些笑话，引这女人高兴。熟了之后，我才知道他们是偶然相逢的旅伴，上车之前并不熟识。小伙子除了照顾这位大姐，还喜欢打开水，将水壶灌得满满的，然后又拖地板，忙得鼻尖沁出亮晶晶的汗珠。他快乐地做着这一件件公众事务，又快乐地同乘务员聊天，与乘警们逗乐，大方、自然。后来我才知道这小伙子是一家林场的党委书记，天性如此，同行的旅伴叫他"活雷锋"，他若无其事，既不感到这是过誉，也没意识到包含着嘲讽，我行我素，一直忙了一路。

　　分手时我留下了他的地址，他也拿走了我的一张名片。过了几个月，我意外地收到寄自林场的一个包裹，里面是干蘑菇和黑木耳，还有一张便条，说是一点山货，让大哥尝尝。

　　萍水相逢而能这样相交，你不能不感受到质朴和真诚的友谊。事实上他对我毫无所求，只是分手时请我到林场做客。蘑菇和木耳味道很好，尤其蘑菇炖小鸡，清香异常，这都是小伙子的妻子随手在林子里采集后又晒制的，我闻出了森林与阳光的气息，还有东北人的豪爽与热情。

　　兴致勃勃地对待生活，回报自然是丰富的。我接触到的极普通的两个人，大概在性格上都属于乐天派，故而才有上述我描写的一系列行为。对旁观者的我来说,是人生即景;对行为的当事人而言,则是生命的本能,或是性情使然。在诸事纷扰怒气冲冲的今日,拥有这种兴致勃勃的性格实在是一种财富,我盼望我的朋友们都能具有或珍惜这笔财富,昔日帝王曾以千金买笑,可见笑本身是有含金量的。甭管是美人还是凡人的笑,只要发自内心涌自心底,那笑就是美的。

这也是八小时以外的一种养生术。

与你共享

有人说人生是苦,然而兴致勃勃的人仍能在这苦中作出乐来。就像一杯热气腾腾的清咖啡,总有人能品尝出独特的香醇;即使在生活的飓风中心,也会有人看到温柔的天空。这一品尝、一抬头中的兴致,正是快乐的无尽源泉啊!

(韩昌元)

作者简介

李智红 1963年生,云南永平人,彝族作家,云南省大理白族自治州永平县文联主席,《读者》杂志签约作家。作品曾入选《中国散文大系》、《中国年度精短美文》、《中国年度诗歌精选》、《中国年度最佳散文诗》等100余种权威选本。《善待对手》一文曾被中央电视台《子午书简》栏目选用播出。著有诗集《永远的温柔》、散文集《布衣滇西》等。

传递快乐

□ 李智红

日本有一项国家级的奖项,叫"终生成就奖"。在素来都把荣誉看得比自己的生命更为重要的日本人心目中,这是一项人人都在梦寐以求,却又高不可攀的至高荣誉。在日本,有无数的社会精英、博学俊彦一辈子努力奋斗的目标,就是为了能够最终获得这项大奖。但最近一届的"终生成就奖",却在举国上下的期盼和瞩目中,出人意料地颁发给了一位名叫清水龟之助的小人物。

清水龟之助是东京一位地位卑微的邮差,他每天的工作就是将各式各样的邮件,快速而准确地投送到每一个相关的家庭。与那些长期从事能够推动人类历史快速发展的高尖端科技研究的专家学者们相比,清水龟之助所从事的这项工作,简直就是微乎其微,甚至根本不值一提。然而,就是这位长期从事着如此平淡无奇的邮差工作的清水龟之助,却无可争议地获得了这项殊荣。这是因为在他从事邮差工作的整整25年中,清水龟之助的工作态度始终和他到职第一天的那种认真和投入没有什么两样。在不算短暂的25年中,他从未有过请假、迟到、早退、脱岗等任何缺勤情况。而且他所经手投递的数以亿计的邮件,从未出现过任何差错。不论是狂风暴雨,还是地冻天寒,甚至在大地震的灾难当中,他都总是能够及时而准确地把邮件投送到收件人的手中。

是什么样的力量支持着清水龟之助得以几十年如一日、持之以恒地把一件极为平凡普通的工作,铸造成了一项伟大无比的成就呢?

清水龟之助对此不无感慨地说:"是快乐,我从我所从事的工作中,感受到了无穷的快乐。"

清水龟之助说,他之所以能够25年如一日地做好邮差这份卑微的工作,主要是他喜欢看到人们在接获远方的亲友捎来的信息时,脸上那种发自内心的、快乐而欣喜的表情。自己微不足道的工作,竟然能够给别人带来莫大的心灵安慰和精神快乐,这使他感到欣慰,感到自己的工作神圣而有意义。他说,只要一想起收件人脸上荡漾开来的那种快乐的表情,即使再恶劣的天气,再危险的境况,也无法阻止他一定要将邮件送达的决心。

正是这种快乐的力量,支持清水龟之助完成了这项伟大的成就。

与你共享

收到幸福的人是快乐的,传递幸福的人也是快乐的。这个世界上有许多伟大的职业值得我们尊敬——医生传递着健康,教师传递着智慧……他

们仿佛也是一个个邮差,骑着墨绿色自行车,穿梭在我们的生活里,不时将不同的祝福递送到我们的手上。 (韩昌元)

作者简介 奥格·曼狄诺(1924~1996) 美国著名励志作家,著有 14 本书,销量超过数千万册。他的书充满智慧、灵感和爱心。代表作有《世界上最伟大的奇迹》、《世界上最伟大的推销员》、《世界上最伟大的成功》等。其作品在我国出版以来,一直是各行各业的销售人员必读的经典。

我要笑遍世界

□ [美]奥格·曼狄诺

我要笑遍世界。

只有人类才会笑。树木受伤时也会流"血",禽兽也会因痛苦和饥饿而哭嚎哀鸣,然而,只有我才具备笑的天赋,可以随时开怀大笑。从今往后,我要培养笑的习惯。

笑有助于消化,笑能减轻压力,笑是长寿的秘方。现在我终于掌握了它。

我要笑遍世界。

我笑自己,因为自视甚高的人往往显得滑稽。千万不能跌进这个精神陷阱。虽说我是造物主最伟大的奇迹,我不也是沧海一粟吗?我真的知道自己从哪里来,到哪里去吗?我现在所关心的事情,十年后看来,不会显得愚蠢吗?为什么要让现在发生的微不足道的琐事烦扰我?在这漫漫的历史长河中,能留下多少日落的记忆呢?

我要笑遍世界。

毫无理想而又优柔寡断是一种可悲的心理。

——[英]弗兰西斯·培根

当我受到别人的冒犯时，当我遇到不如意的事情时，我只会流泪诅咒，却怎么笑得出来？有一句至理名言，我要反复练习，直到它深入我的骨髓，让我永远保持良好的心境；这句话，传自远古时代，它们将陪我渡过难关，使我的生活保持平衡。这句至理名言就是：这一切都会过去。

我要笑遍世界。

世上种种到头来都会成为过去。心力衰竭时，我安慰自己，这一切都会过去；当我因成功洋洋得意时，我提醒自己，这一切都会过去；穷困潦倒时，我告诉自己，这一切都会过去；腰缠万贯时，我也告诉自己，这一切都会过去。是的，昔日修筑金字塔的人早已作古，埋在冰冷的石头下面，而金字塔有朝一日，也会埋在沙土下面。如果世上种种终必成空，我又为何对今天的得失斤斤计较？

我要笑遍世界。

我要用笑声点缀今天，我要用歌声照亮黑夜；我不再苦苦寻觅快乐，我要在繁忙的工作中忘记悲伤；我要享受今天的快乐，它不像粮食可以贮藏，更不似美酒越陈越香。我不是为将来而活，今天播种今天收获。

我要笑遍世界。

笑声中，一切都显露本色。我笑自己的失败，它们将化为梦的云彩；我笑自己的成功，它们恢复本来面目；我笑邪恶，它们远我而去；我笑善良，它们发扬光大。我要用我的笑容感染别人，虽然我的目的自私，但这确是成功之道，因为皱起的眉头会让顾客弃我而去。

我要笑遍世界。

从今往后，我只因幸福而落泪，因为悲伤、悔恨、挫折的泪水毫无价值，只有微笑可以换来财富，善言可以建起一座城堡。

我不再允许自己因为变得重要、聪明、体面、强大而忘记如何嘲笑自己和周围的一切。在这一点上，我要永远像小孩子一样，因为只有做回小孩子，我才能尊敬别人；尊敬别人，我才不会自以为是。

我要笑遍世界。

只要我能笑，就永远不会贫穷。这也是天赋，我不再浪费它。只有在笑声和快乐中，我才能真正体会到成功的滋味。只有在笑声和欢乐中，我才能享受到劳动的果实。如果不是这样的话，我会失败，因为快乐是提味的美酒佳酿。要想享受成功，必须先有快乐，而笑声便是那伴娘。

我要快乐。

我要成功。

与你共享

一个不经意的笑容就能让人变得积极自信，变得开朗快乐，它让人谦和、友好，充满希望。笑真神奇，它能代替千万种美丽的言语，成为世间最可爱的礼物。让我们微笑着面对每一个人，微笑着面对世界，微笑着面对自己！　　（韩昌元）

作者简介

海因里希·伯尔（1917~1985）　德意志联邦共和国作家。曾参加第二次世界大战，对法西斯的侵略战争深恶痛绝。早期作品基调灰暗、抑郁，主要人物形象大多是士兵。中篇小说《正点到达》为联邦德国"战后文学"的代表作。另有长篇小说《无主之家》、《九点半钟的台球》、《小丑之见》等。1972年获诺贝尔文学奖。

优 哉 游 哉

□〔德〕海因里希·伯尔　雷夏鸣　译

在欧洲西海岸的一个码头，一个衣着寒碜的人躺在他的渔船里闭目养神。

一位穿得很时髦的游客迅速把一卷新的彩色胶卷装进照相机，准备拍下面前这美妙的景色：蔚蓝的天空、碧绿的大海、雪白的浪花、黑色的渔艇、红色的渔帽。咔嚓！再来一下，咔嚓！德国人有句俗语："好事成三。"

想象可以使感觉敏锐的人成为艺术家；可以使勇敢大胆的人成为英雄。
——〔法〕法朗士

为保险起见,再来个第三下,咔嚓!这清脆又扰人的声响,把正在闭目养神的渔夫吵醒了。他睡眼惺忪地直起身来,开始找他的烟盒。还没等找到,热情的游客已经把一盒烟递到他跟前,虽说没插到他嘴里,但已放到了他的手上。咔嚓!这第四下"咔嚓"是打火机的响声。于是,殷勤的客套也就结束了。这过分的客套带来了一种尴尬的局面。游客操着一口本地话,想与渔夫攀谈攀谈来缓和一下气氛。

渔夫摇摇头。

"不过,听说今天的天气对捕鱼很有利。"

渔夫点点头。

游客激动起来了。显然,他很关注这个衣着寒碜的人的境况,对渔夫错失良机很是惋惜。

"哦,您身体不舒服?"

渔夫终于从只是点头和摇头到开腔说话了。"我的身体挺好,"他说,"我从来没感到这么好!"他站起来,伸展了一下四肢,仿佛要显示一下自己的体魄是多么的强健,"我感到自己好极了!"

游客的表情显得愈加困惑了,他再也按捺不住心中的疑问,这疑问简直要使他的心都炸开了:

"那么,为什么您不出海呢?"

回答是干脆的:"早上我已经出过海了。"

"捕的鱼多吗?"

"不少,所以也就用不着再出海了。我的鱼篓里已经装了四只龙虾,还捕到差不多两打鲭鱼……"渔夫总算彻底打消了睡意,气氛也随之变得融洽了些。他安慰似的拍拍游客的肩膀。在他看来,游客的担忧虽说多余,却是深切的。

"这些鱼,就是明天和后天也够我吃了。"为了使游客的心情轻松些,他又说,"抽一支我的烟吧?"

"好,谢谢。"

他们把烟放在嘴里,又响起了第五下"咔嚓"。游客摇着头,坐在船帮上。他放下手中的照相机,好腾出两只手来加强他的语气。

"当然,我并不想多管闲事,"他说,"但是,试想一下,要是您今天第二次、第三次，甚至第四次出海，那您就会捕到三打、四打、五打，甚至十打的鲭鱼。您不妨想想看。"

渔夫点点头。

"要是您，"游客接着说，"要是您不光今天，而且明天、后天，对了，每逢好天都两次、三次，甚至四次出海——您知道那会怎么样？"

渔夫摇摇头。

"顶多一年，您就能买到一台发动机，两年内就可以再买一条船，三四年内您或许就能弄到一条小型机动渔船。用这两条船或者这条机动渔船您也就能捕到更多的鱼——有朝一日，您将会有两条机动渔船，您将会……"他兴奋得好一会儿说不出话来，"您将可以建一座小小的冷藏库，或者一座熏鱼厂，过一段时间再建一座海鱼腌制厂。您将驾驶着自己的直升机在空中盘旋，寻找更多的鱼群，并用无线电指挥您的机动渔船，到别人不能去的地方捕鱼。您还可以开一间鱼餐馆，用不着经过中间商就把龙虾出口到巴黎——然后……"兴奋又一次哽住了这位游客的喉咙。他摇着头，满心的惋惜把假期的愉快几乎一扫而光。他望着那徐徐而来的海潮和水中欢跳的小鱼。"然后，"他说，但是，激动再一次使他的话噎住了。

渔夫拍着游客的脊背，就像拍着一个卡住了嗓子的孩子。"然后又怎样呢？"他轻声问道。

"然后，"游客定了一下神，"然后，您就可以优哉游哉地坐在码头上，在阳光下闭目养神，再不就眺望那浩瀚的大海。"

"可是，现在我已经这样做了，"渔夫说，"我本来就优哉游哉地在码头上闭目养神，只是您的'咔嚓'声打扰了我。"

显然，这位游客受到了启发，他若有所思地离开了。曾几何时他也认为，他今天工作为的是有朝一日不必再工作。此时，在他的心里，对这个衣着寒碜的渔夫已没有半点儿的同情，有的只是一点儿嫉妒。

与你共享

为了将来的享受而努力工作，这并没有什么错；能够享受现在，抛开世俗的烦恼也挺好。悠闲是一种精神状态，不需要太多物质上的经营和打理。悠闲是一种生活态度，只要我们拥有一个自由而充实的灵魂。　　　　（韩昌元）

思往事，惜流芳，易成伤。

——（北宋）欧阳修

作者简介

鲁先圣　《读者》杂志签约作家,龙源期刊网签约专栏作家。主要著作有散文集《苍茫人生》、《智者的幸福》、《原上树》等,作品入选数百种选本。

轿夫的快乐

□ 鲁先圣

　　20 世纪英国最具影响力的思想家罗素,在 1924 年来到中国的四川。那个时候的中国,军阀割据,战乱频繁,山河破碎,民不聊生。罗素刚写完他的巨著《幸福论》,他希望以自己的思想教化引导中国人摆脱苦难。当时正值夏天,四川的天气非常闷热。罗素和陪同他的几个人坐着那种两人抬的竹轿上峨眉山。山路非常陡峭险峻,几位轿夫累得大汗淋漓。此情此景,使作为一个思想家和文学家的罗素没有了心情观赏峨眉山的景观,而是思考起几位轿夫的心情来。他想,轿夫们一定痛恨他们几位坐轿的人,这么热的天气,还要他们抬着上山。甚至他们或许正在思考,为什么自己是抬轿的人而不是坐轿的人?

　　罗素思考着的时候,到了山腰的一个小平台,陪同的人让轿夫停下来休息。罗素下了竹轿,认真地观察轿夫的表情。他看到轿夫们坐成行,拿出烟斗,又说又笑,讲着很开心的事情,丝毫没有怪怨天气和坐轿人的意思,也丝毫没有对自己的命运感到悲苦的意思。他们还饶有趣味地给罗素讲自己家乡的笑话,很好奇地问罗素一些外国的事情。他们在交谈中不时发出高兴的笑声。

　　罗素在他的《中国人的性格》一文中讲到了这个故事。而且,他因此得出了一个著名的人生观点:用自以为是的眼光看待别人的幸福是错误的。

　　莎士比亚在谈到人生的处境时曾经有过一个很经典的比喻。他说:我们的身心就是一个园圃,而我们的主观意志就是园圃的园丁。不论我们是种植奇花异草还是单独培植一种树木,还是任其荒疏,那权力都在我们自己手里。也就是说,假如你愿意自己是快乐幸福的,你自己就可以做到,权力都在你自己的手里——一切都在我们个人的主观意志之中。我们可以让自己的生活充满喜悦,我们也可以让自己的生活丰富多彩。也就是说,不论我们处于什么境地,我们都可以把它当做自己的福地。成功的时候,尽情地享受成功;逆境的时候,为未来的希望快乐。坐轿子的人未必是幸福的,抬轿子的人未必是不幸福的。

与你共享

即使生活那么困苦,轿夫还是能找到属于他们的小小快乐。幸福与否,与生活境遇没有必然的联系。只要你想快乐幸福,你就能得到——打开幸福之门的钥匙在你手中。

(韩昌元)

由于痛苦而将自己看得太低,就是自卑。

——[荷]斯宾诺莎

我要用笑声点缀今天,我要用歌声照亮黑夜;我不再苦苦寻觅快乐,我要在繁忙的工作中忘记悲伤;我要享受今天的快乐,它不像粮食可以贮藏,更不似美酒越陈越香。我不是为将来而活,今天播种今天收获。

放下,放下

一个信徒拿一只花瓶献给佛陀,并向佛陀请教破除烦恼、获得幸福的方法。佛陀听后指着他说:"放下!"信徒马上将手中花瓶放在地上。佛陀又说:"放下!"这时信徒将双手摊开,说:"我现在已经两手空空了,您让我再放下什么呢?"佛陀笑了:"我并没让你放下手中的花瓶,我是让你放下那些想要拥有幸福和快乐的念头呀。"信徒当下领会了佛陀的道理,礼拜而去。

好胜、盲目、贪恋、任性……人最难看破的是执著。人生就像挑担子,最重要的是扛起和放下。扛起时没有顺势而为就会"煞到中气",放下时没有顺势而为就会"闪到腰子",都是非常严重的。

作者简介

程文超(1955~2004) 湖北武汉人,中山大学教授、博士生导师,曾获第二届鲁迅文学奖、"全国师德先进个人"等多种学术奖励与荣誉称号。著有《意义的诱惑》、《寻找一种谈论方式》、《1903:前夜的涌动》、《反叛之路》、《百年追寻》等。

学 会 服 气

□ 程文超

张艺谋这小子还让不让人活了!随便玩一把,就是一个大奖——得知《一个都不能少》在意大利威尼斯电影节上获得最高奖金狮奖后,我的一位朋友这样说。

"不让人活"自然是玩笑话。这话就得两说了。从"活"法来讲,今天的世界与以往不同,多元了,路宽了,每个人有每个人的"活"法。这叫蛇有蛇路,虾有虾路,一般无须千万精英勇挤独木桥。就说影视这一行,也是各有各的追求,各有各的观众,各有各的成就。陈凯歌、吴子牛、姜文、赵薇……哪一个不是"活"得很好?如果大家都去拍张艺谋式的电影,大家都去踩红高粱、晒红辣椒、挂红灯笼,大家都去奔世界各大电影节,影视就单调了不是?老百姓看看《甲方乙方》,看看《还珠格格》不也很开心吗?有人只认张艺谋,别的,全是扯淡!这就绝对了些,是吧?

但如果评价张艺谋的事业,你得承认别人确实成功!他的成功给中国电影界带来频繁的震动。就说《一个都不能少》吧,一个很"主旋律"的片子,一般人拍很可能拍成部宣传片,但从张艺谋手上出来,就是一部水平极高的艺术品。故事不复杂,却吸引人;演员不专业,却感动人。就那么两个小鬼,从山村破教室到小县城那么一闹,还真把你闹得离不开剧院,还真把你闹得想思考点什么。是本事吧!这,你得服气!

服气,说起来容易,做起来难。这年头,谁服气谁呀?话,就说到我的一点人生体验上来了。年轻时，心高气傲，老觉得世间最伟大的事业、最伟大的成就在等着自己。服气谁？随着年龄的增长，却发现，人，要自信，不自信成不了事儿。但人如果用自信把肚子塞满了，就更成不了事儿。傲慢只是无知的又一说法而已。面对别人的成功，你得学会服气。

我不知道我是不是老了。

与你共享

人应该学会服气，只有从心里的服气才能从中学到东西。鄙视强者不会让自己变强，而只会告诉别人我们是多么无知。我们可以用审视的态度对待强者，但从心底里要服气，因为他们的确比我们强。成功，应该是从学会服气开始。

（刘英俊）

作者简介　谢冕　1932年生于福州。北京大学中文系教授、博士生导师。著有《湖岸诗评》、《论二十世纪中国文学》、《心中风景》等；主编《二十世纪中国文学》、《百年中国文学经典》、《百年中国文学总系》等。其中，《论二十世纪中国文学》获中国当代文学研究会优秀成果奖。

人 生 在 世

□ 谢 冕

好像是朱光潜先生说过：以出世的态度做人，以入世的态度做事。我很信服这话，以为朱先生是用极简单的语言，说出了人生极复杂的道理。人生一世，如草木一秋，是匆匆而麻烦的短暂。所有的人，上自帝王显贵，

既要自尊，又要自卑。
——[英]爱·杨格

下至黎民苍生,都是这个匆匆舞台的演员和看客。常言浮生若梦,过去把这话是当做消极的思想来批判的。其实,谁都明白,人生到底是一出悲剧。无论是天才还是愚钝,到头来都摆脱不了一个毫无二致的结局。有了这样的洞察,人们就会在不免有些苍茫的悲凉中,获得某种顿悟。参透一切苦厄,把身外之物看淡,豁达,潇洒,了无牵挂,无忧而有喜。我理解,这就是"出世"的思想,是指从总体上看,要把世事看淡。

但若只停留在这一层面上,那就确实有点"消极"的味道了。只讲"出世"而不讲"入世",则对人生的体悟还说不上全面深刻。有了"入世"对于"出世"的加入和融会,就把人的高低、不同的境界区分了出来。

从具体上看,人活着要谋生,要做事,不论是为自己,还是为社会,都来不得半点虚妄。太阳每日升起,每日落下,一个人的一生能看到几次日出日落的景致?因此就要珍惜,绝不虚度光阴。春花秋月,赏心乐事,酷暑严冬,黾(mǐn)勉苦辛。要每日都过得充实、有意义,有益于人,也有益于自己。积极,有效,把眼前做的每一件事,都看成盛大的庆典,既轰轰烈烈,又扎扎实实。不悲观,不厌世,一步一步坚定地向前走去。明知愈走愈接近那谁也无法逃避的终点,却始终是坚定地前行。这样的人生,是摆脱了大悲苦而拥有大欢喜的人生。

与你共享

有人说:"人生在世,如负重前行。"我们倒更愿意认为人生在世,如日月星辰,时刻都闪耀着璀璨光辉。只要踏踏实实地走好人生的每一步,始终坚定地前行,人人都可拥有一个充实而完善的人生。　　　　(刘英俊)

其实大家都是一样的

□ 贾平凹

　　对人生我确实不是说特别乐观,但是你还得活下去,你总不能成天愁眉苦脸的,但总体上你感觉,人生苦难得很。我当年第二个孩子出生的时候,我就不主张再生孩子。我说大人都活得累,你何必再生个孩子?不光是你把她养起来,咱也要受很多罪,孩子长大了也是,将来要活受罪。你说现在这孩子,七岁就得上学,自从七岁以后一直到她死,她就没有一天能过得轻松,受那个罪干啥?当时我心里说,要生个孩子,还不如去种一棵树,树还无忧无虑的,种棵树总比你生个孩子要强。但是世俗吧,你不要孩子又不行,你还得过这种日子,那就过这种日子吧,那就只好这样受罪吧。小孩你要监管她,长大以后,上学、就业、结婚、生子……那事情是多得一塌糊涂。咱这一生就为那些奋斗了,不说奋斗了,就挣扎了一辈子吧,生下那个娃又继续……但是你想一想,人类本来就是这样过来的,你总得……就像农村有句话说是,年儿好过,月儿好过,日子难过。这每一天它都难过,这每一天每一天都得要过去。你说现在我活得多痛快?我倒不觉得活得多痛快呢。但是死活总得要过下去,对人来说,小段小段的,它有它的欢乐在里头,但总体来说它不是欢乐的。换一个角度来讲吧,我看过托尔斯泰有一句话,他的意思是(原话不是这样的):"我们都诞生于爱。"父母在做爱过程中才诞生我们的生命,他是从爱的角度来探索,我们活着的这个世界是充满爱心的,我们就来自爱。但是现在基本上好多年轻人要孩子吧,它

应该学会克制自己。克制,才能达到谅解,萌发友谊和感情。

——范 泽

087

不是爱,它是爱的附加品。它那是没办法的,无奈的结果。原来吧都是为了传宗接代,现在倒不谈这个传宗接代了。我老讲,传宗接代那个意义对现代人来讲已经淡漠了。你比如说,问你爷爷是谁,叫啥,一般人都不知道他爷爷叫啥,更不知道他爷爷那个父亲叫啥,你连你爷爷的名字都不知道,你怎么给他传宗接代?所以说传宗接代对他爷爷或者对他父亲来说,是毫无意义的事情。一般人都是为了自己来活着,要一个孩子还是想为自己带来笑声、欢乐、玩耍,解脱这个苦闷,但是孩子长大以后,就为孩子开始奔波。现在好多父母都是为了孩子最后能有出息啊,瞎耗工夫。我看到那些吧,自己简直是觉得很可悲。但是轮到自己身上吧,自己不做那又不行。你比如说现在教育孩子,要按我那意思就叫孩子不学习,想玩就玩,多好啊,小孩嘛。但是又没办法,整个中国都是那样,你在教你孩子玩吧,你孩子学习不好就考不上学,这个很矛盾的。人这一生就是很矛盾地、很无奈地跟着人家朝着这个方向走。所以我在想吧,咱们或许就是芸芸众生,随大流,别人怎么走你就得怎么走,你不走就不行。就像"文化大革命",你不去上街游行,你感觉自己都不是个人了,潮流到了这个时候就没办法了。不停地有对抗,但是最后它还是没办法的,一个人的一生太渺小了,不是说对大自然相对而言,它是渺小的。我总想吧,自己一转眼都五十多了,五十年都过去了,你还能活多久呢?好像没干出个啥东西马上就老了。你看就包括这世界上多伟大、多厉害的人物,他一生也就干了一两件事情,更多的人是一两件事也没干成。刚才看凤凰卫视采访戈尔巴乔夫,作为一个个体生命来讲每个人都是悲剧的,不管当年多么显赫……我没看完,我打开时已经放一半了,当时马上吸引我看的是看一下他这个人本身。他作为一个领导人来讲,或者在历史有重要的一笔可以记载他,但是作为他的个体生命来说,很悲凉的,这辈子很可悲。我看他一个月只拿两美元的退休金,教现在咱一般人都想象不来。尤其是最后他还不是到那个农场去,到老家去?那个老太太,他的亲属吧,他抱住她,他说我老了,为这样为那样……那一看就和咱平常生活差不多。平常他在位置上的时候,咱把他当成伟人,与咱们多么遥远,其实他也就是……每个人都有很可悲、悲凉的一面。其实任何人,不管他是干啥的,原来说一家不知一家难,你要他说起自己的事情,他都和咱是一样的。

与你共享

俗话说："家家有本难念的经。"生活着，各有各的不易。无须羡慕他人的幸福，他们背后的不幸我们未曾经历过，也就无从体会他们当时的难处。其实，人人都一样，有烦恼，也有快乐。 （刘英俊）

生 命 如 花

□ 蒋光宇

(作者简介见第24页)

有一个少年，认为自己最大的弱点是胆小。为此，他很自卑。父母带着他去看心理医生。医生耐心地听完介绍，握住他的手，非常肯定地说："你只不过非常谨慎罢了，这显然是个优点嘛，怎么能叫弱点呢？谨慎的人总是很可靠，总是很少出乱子。"

少年有些疑惑："那么，勇敢反倒成为弱点了？"

医生摇摇头："不，谨慎是一种优点，勇敢是另一种优点。只是人们通常更重视勇敢这种优点罢了，就好像白银与黄金相比，人们往往更注重黄金一样。"

医生问："你讨厌酒鬼吗？"

少年说："当然。"

医生问："那你讨厌李白吗？"

少年说："怎么会呢？"

医生问："难道李白不是酒鬼吗？"

少年纠正医生的话："不对，李白不是酒鬼，而是爱喝酒的诗人，他能斗酒诗百篇呢。"

我们的自信，可以产生对他人的信用。

——[法]拉罗什富科

医生笑道:"对,我赞同你的观点,弱点在不同的人身上,会呈现不同的色彩:有的喝酒人,仅仅是个酒鬼;而李白则是喝酒人中的诗仙。"

医生又说:"天底下没有绝对的弱点。所谓的弱点,在一定条件下也可能成为优点。如果你是位战士,胆小显然是弱点;如果你是司机,胆小肯定是优点。"

弱点与优点相通,并能相互转化,这虽然是心理医生对男孩的开导或安慰,但也有确凿的科学依据。

有一位外科医生,在多年的临床实践中发现了一连串奇怪的现象:患心瓣堵塞症的患者,心脏奇迹般地增大,好像是在努力改变心脏存在的缺陷;另外,耳朵、眼睛和肺等器官,也莫不如此。

用积极的态度对待自己的弱点,有一个极其重要的作用,就是能产生一种弥补的心理,产生一种开发潜能、超越自我的强大动力。比如世界文化史上的三大怪才就是这方面的卓越典范:文学家弥尔顿是盲人,大音乐家贝多芬双耳失聪,天才的小提琴演奏家帕格尼尼是哑巴。

生命如花。每个人的生命都像一朵花,尽管不可能是完美无缺的一朵花。有的像艳花,有的像香花,有的像艳而香的花。艳花大多不香,香花大多不艳,艳而香的花大多有刺。只要艳者取其艳,容其不香;香者取其香,容其不艳;艳且香者取其艳香,容其有刺,每个人的生命都可能成为最灿烂最精彩最具特色的一朵花。

与你共享

让我们埋怨的缺点有很多,同样,让我们自豪的优点也有很多。缺点与优点,有时是一片树叶的两面,换一种心情,转一个角度,也许我们会得到一个完全相反的结论。积极对待自己的弱点,我们就能拥有更多的优点。

(刘英俊)

作者简介

朱光潜(1897~1986)　笔名孟实，安徽桐城人。现代美学家。他在二十世纪三四十年代认为，在美感经验中，美感的态度与科学的和实用的态度不同，它不涉及概念、实用等。六十年代，他强调马克思主义的实践观点，认为客观世界和主观能动性统一于实践。主要著作有《谈美》、《西方美学史》等，译著有黑格尔《美学》、柏拉图《文艺对话录》等。另著有《给青年的十二封信》。

谈　摆　脱

□ 朱光潜

朋友：

近来研究黑格尔讨论悲剧的文章，有时拿他的学说来印证实际生活，颇觉欣然有会意。许久没有写信给你，现在就拿这点道理作谈料。

黑格尔对于古今悲剧，最推尊希腊索福克勒斯的《安提戈涅》。安提戈涅的哥哥因为争王位，借重敌国的兵攻击他自己的祖国忒拜，他在战场中被打死了。忒拜新王克瑞翁悬令，如有人敢收葬他，便处死罪，因为他是一个国贼。安提戈涅很像中国的聂荣，毅然不避死刑，把她哥哥的尸骨收葬了。安提戈涅又是和克瑞翁的儿子海蒙订过婚的，她被绞以后，海蒙痛恨她，也自杀了。

黑格尔以为凡是悲剧都产生于理想的冲突；而安提戈涅是最好的实例。就克瑞翁说，做国王的职责和做父亲的职责相冲突；就安提戈涅说，做国民的职责和做妹妹的职责相冲突；就海蒙说，做儿子的职责和做情人的职责相冲突。因此冲突，故三方面结果都是悲剧。

黑格尔只是论文学，其实推广一点说，人生又何尝不是一种理想的冲突场？不过现实和舞台有一点不同，舞台上的悲剧生于冲突之得解决，而人生的悲剧则多生于冲突之不得解决。生命途程上的歧路尽管千差万别，而实际上只有一条路可走，有所取必有所舍，这是自然的道理。世间有许

不知自爱，不知自重，乃是多数人失败之原因。

——(清)傅维鳞

多人站在歧路上只徘徊顾虑,既不肯有所舍,便不能有所取;世间也有许多人既走上这一条路,又念念不忘那一条路。结果也不免耽误时光。"鱼我所欲也,熊掌亦我所欲也,二者不可得兼,舍鱼而取熊掌可也。"有这样果决,悲剧绝不会发生。悲剧之发生就在既不肯舍鱼,又不肯舍熊掌,只在那儿垂涎打算盘。这个道理我可以举几个实例来说明。

"禾"是一个大学生,很好文学,而他那一班的功课有簿记、法律,都是他所厌恶的。他每见到我便愁眉蹙额地说:"真是无聊!天天只是预备考试!天天只是读这些没有意味的课本!"我告诉他:"你既不欢喜那些东西,便把它们丢开就是了。"他说:"既然花了家里的钱进学堂,总得要勉强敷衍考试才是。"我说:"你要敷衍考试,就敷衍考试了。"然而他天天嫌恶考试,天天又在那儿预备考试。

我有一个幼时的同学恋爱了一个女子。他的家庭极力阻止他。他每次来信都向我诉苦。我去信告诉他说:"你既然爱她,便毅然不顾一切地去爱她就是了。"他又说:"家庭骨肉的恩爱就能够这样恝(jiá)然置之吗?"我回复他说:"事既不能两全,你便应该趁早疏绝她。"但是他到现在还是犹豫不知所可,还是照旧叫苦。

"禹"也是一个旧相识。他在衙门里充当一个小差事。他很能做文章,家里虽不丰裕,也还不至于没有饭吃。衙门里案牍和他的脾胃很不合,而且妨碍他著述。他时常觉得他的生活没有意味,和我谈心时,不是说:"唉,如果我不要这个事,这本稿子久已写成了。"就是说:"这事简直不是人干的,我回家陪妻子吃糙米饭去了!"像这样的话我也不知道听他说过多少回数,但是他还是依旧风雨无阻地去应卯。

这些朋友的毛病都不在"见不到"而在"摆脱不开"。"摆脱不开"便是人生悲剧的起源。畏首畏尾,徘徊歧路,心境既多苦痛,而事业也不能成就。许多人的生命都是这样模模糊糊地过去的。要免除这种人生悲剧,第一须要"摆脱得开"。消极说是"摆脱得开",积极说便是"提得起",便是"抓得住"。认定一个目标,便专心致志地向那里走,其余一切都置之度外,这是成功的秘诀,也是免除烦恼的秘诀。现在姑且举几个实例来说明我所谓"摆脱得开"。

释迦牟尼当太子时,乘车出游,看到生老病死的苦状,便恍然解悟人生虚幻,把慈父娇妻爱子和王位一齐抛开,深夜遁入深山,静坐菩提树下,冥心默想解脱人类罪苦的方法。这是古今第一个知道摆脱的人。其次如苏格拉底，如耶稣，如屈原，如文天祥，为保持人格而从容就死，能摆脱开一般人所摆脱不开的生活欲，也是可以廉顽立懦。再次如希腊第欧根尼提倡克欲哲学，除一个饮水的杯子和一个盘坐的桶子以外，身旁别无他物，一日见童子用手捧水喝，他便把饮水的杯子也掷碎；犹太斯宾诺莎学说与犹太教义不合，犹太教徒行贿不遂，把他驱逐出籍，他以后便专靠磨镜过活。他在当时是欧洲第一个大哲学家，海得尔堡大学请他去当哲学教授，他说："我还是磨我的镜子比较自由。"所以谢绝教授的位置。这是能为真理为学问摆脱一切的。卓文君逃开富家的安适，去陪司马相如当垆卖酒，是能为恋爱摆脱一切的；张翰在齐做大司马东曹掾(yuàn)，一天看见秋风乍起，想起吴中菰菜莼羹鲈鱼脍，立刻就弃官归里；陶渊明做彭泽令，不愿束带见督邮，向县吏说："我岂能为五斗米折腰向乡里小儿！"立即解绶辞官。这是能摆脱禄位以行吾心所安的。英国小说家司各特早年颇致力于诗，后读拜伦著作，知道自己在诗的方面不能有大成就，便丢开音律专心去做他的小说。这是能为某一种学问而摆脱开其他学问之引诱的。孟敏堕甑(zèng)，不顾而去。郭林宗问他缘故，他回答说："甑已碎，顾之何益？"这是能摆脱过去失败的。

斯蒂文森论文，说文章之术在知遗漏(the art of omitting)，其实不独文章如是，生活也要知所遗漏。我幼时，有一位最敬爱的国文教师看出我不知摆脱的毛病，常在我的课卷后面加这样的批语："长枪短戟，用各不同，但精其一，已足制胜，汝才有偏向，姑发展其所长，不必广心博骛也。"十年以来，说了许多废话，看了许多废书，做了许多不中用的事，走了许多没有目标的路，多尝试，少成功，回忆师训，殊觉赧然，冷眼观察，世间像我这样暗中摸索的人正亦不少。大节固不用说，请问街头那纷纷群众忙的为什么？为什么天天做明知其无聊的工作，说明知其无聊的话，和明知其无聊的朋友假意周旋？在我看来，这都由于"摆脱不开"。因为人人都"摆脱不开"，所以生命便成了一幕最大的悲剧。

朋友，我写到这里，已超过寻常篇幅，把上面所写的翻看一过，觉得还没有把"摆脱"的道理说得透。我只谈到粗浅处，细微处让你自己暇时细心体会。

你的朋友　孟实

不可自暴自弃自屈。

——(南宋)陆象山

与你共享

人生是一个不断摆脱的过程，有人甚至说人生就是从摆脱一切规则后开始的。能够尽情、自由地活着，做对自己负责、对别人诚实的事，享受属于自己的人生——这样的人物让我们着实钦佩，我们应该向他们一样学会摆脱，拒绝忧郁的人生。

(刘英俊)

作者简介

茅于轼 1929年生，江苏南京人。著名经济学家。著有《择优分配原理——经济学和它的数理基础》、《生活中的经济学：对美国市场的考察》、《谁妨碍了我们致富》等书。

也谈人生的意义

□ 茅于轼

再过两年我就80岁了。人生的旅途快走到尽头了。这几年我经常在想的一个问题是：人生的意义何在？一个人来到这个世界几十年，到底是为了什么？想了几年，答案慢慢地浮现，越来越清楚了。我很后悔，到老才认真地想这个问题。年轻时浑浑噩噩，糊里糊涂。如果我早几年想，早几年找到答案，我的人生会少犯许多错误，自己也会过得更顺利些。

这也难怪，人生意义，或者人生目的的大问题不是没人研究，恰恰是研究的人太多，各说各的，莫衷一是，搞得大家稀里糊涂，索性不闻不问，过一天算一天拉倒。我不是说人家的研究不对，没有价值，而是太抽象，太高大，过于理论化，没法付诸实践。我们需要一个简单明了的答案，这个答案要能够清楚地指导日常的所作所为。

现在我把这个思考了好几年的答案告诉大家，和大家分享。答案很简单，复杂了就没用了。这个答案就是："享受人生，并且帮助别人享受人生。"

需要稍微说明一点，什么是享受人生？我的意思是：人生一世所得到的快乐总量极大化。它不是某时某刻的享受极大化，而是一生一世的快乐总量极大化。这儿所说的享受不尤是物质的，更包括精神的，包括主观的满足感。它不是今朝有酒今朝醉，只顾现在，不顾将来；而是既顾现在，更顾将来。人们要追求健康长寿，因为长寿的人活得长，当然得到的快乐可能更多。要远离有害的环境和物质，这些事物会减少你的快乐。行动要考虑后果，不要贪图一时的痛快，遗患无穷。

要帮助别人享受人生。为什么？人生一世顺利不顺利往往不仅仅取决于自己，更多地取决于环境，或者说取决于别人。如果别人处处跟你捣乱，你就过得很不顺利。别人希望日子过得快乐一点，大家就应该帮助他实现这个愿望。所谓"君子成人之美"，这是孔夫子留下的格言。如果大家都懂得帮助别人快乐，我们就有了一个创造快乐的环境，大家都比较容易实现快乐总量极大化的目标。所以帮助别人享受既是为了别人，其实也是为了自己。这一点儿也不矛盾。

用这一信条处理周围的事情，会使自己的日子过得高兴。凡是碰到难于决策的事情，想一想怎么能使自己快乐，也使别人快乐，答案就有了。有了这样的信条，养成了习惯，用来对待父母子女、妻子朋友、同事或领导，并且用它来处理自己在公务上的问题，你就不会犯愚蠢的错误，就会远离烦恼，周围的人都会喜欢你。

懂得享受人生，并且帮助别人享受人生！这是我发现的至理名言。

与你共享

每个人都希望得到快乐。一个拥有快乐的人生是有意义的人生，一个帮助别人拥有快乐的人生也是有意义的人生。古人有云：独乐乐不如众乐乐。帮助别人得到快乐，同样是为自己创造一个快乐的环境。只有大家快乐，才是真的快乐呢！

（刘英俊）

所谓良好教育，就是教给后悔。只要能够预见后悔，就已给天平加了一个重码。
——[法]司汤达

平凡的境界

□（台湾）林清玄

（作者简介见第 52 页）

近代高僧弘一大师隐居在山上的时候，他的老友到山上去探望他。

有一次，老友突然发现山上已经枯死多年的树，发出新嫩的绿芽，心里感觉很纳闷，便向弘一法师说："这树死了多年，现在又发芽，大概是因为您这位高僧住到山中，感动了这棵枯树，使它起死回生吧！"

弘一大师回答说："不是的，是我每天为它浇水，它才慢慢活起来的。"

老友听了，大为感动，自叹不如。

我读到这个故事的时候也深受感动，那枯树发芽，原来是每天浇水的缘故。当然，那位老友的观点也没有错，如果不是高僧，怎么会想到给枯树浇水呢？

这个世界真的奇怪，许多境界高的人争着平凡；许多境界低的人，只是有了一些权位，就争着伟大。

在"伟大"与"平凡"之间，价值是混乱的，唯一不能被混乱的就是生活的见解吧！一个修行境界高的人，只是为枯树浇水这样平凡的事，就显现出不凡的胸襟。

因此，喝茶中是有境界的，吃饭中是有境界的，这种境界因为平凡而落实，也因为平凡而优美。

无门慧开禅师有一首偈(jì)：

春有百花秋有月，
夏有凉风冬有雪；

若无闲事挂心头，

便是人间好时节。

平凡中有境界是以"闲事挂心头"作为标准的，如果心里没有闲事，身心一片清明，在春天的百花、秋天的明月、夏日的凉风、冬季的白雪里，也都有着高妙和美好。

如果心里有着动荡、不安和恼乱，纵使权倾一时、富可敌国、名满天下，也难以契入美好的境界。

人生的境界因此可以分两方面说，一种是事相的，一种是真实的。事相会与时俱进，权位可能失去，财富可能落空，名节可能成妄，都是难以久持的。

真实的境界则可以突破时空的障碍，在名闻利养里虽然难以得到肯定，却如一条清溪自由地流动在山谷之间，遇高山成为瀑布，到了平原成为湖泊，潺潺地流向大海。

这是为什么说"超凡入圣"虽然艰难，"超圣入凡"又更难的原因。

但一有了圣凡之见则不免偏执，"无圣""无凡"才是智者的归向。

有人问我："有智慧的人、聪明的人、愚蠢的人，要如何去判别呢？"

我说了一首偈：

白鹭立雪，

愚人看鹭；

聪明见雪，

智者观白。

一只白鹭站立在雪地上，愚蠢的人往往被白鹭的优美吸引，看不见雪；聪明的人则追求更广大的视界，所以他会看见雪，觉得白鹭在雪地里太渺小了。

有智慧的人不是这样，他的心眼像镜子一样，只是如实地显示真相，他看见雪和白鹭都是白的，虽然一大一小、一静一动、一广大一活泼，他只是明白地观照罢了。

——[美]爱迪生

　　人生境界的追求也是如此,愚蠢的人不知道财势名位的追求是一只白鹭,是随时可能飞去的,竟以一生的时间来努力追求。

　　聪明的人知道白鹭起起落落,而以财势名位去营造理想,试着用各种形式来确立生存的意义,为了这些意义,他不屑于那些渺小的追求,但是如果没有平凡的白鹭来来去去,雪地也只是空白和无趣的。这是为什么有许多聪明人最后竟变成无趣的人,独立在社会之外的原因。

　　有智慧的人,既不迎也不拒,在大的理想与小的事物中都有着创造的心,有感知的情意。因为不管是白鹭或白雪,都只是人生的偶然,白鹭固然会飞去,白雪又何尝没有融尽的时候呢?

　　所以,"看"、"见"、"观"乃是智慧生起的三个层次呀!

　　以感天动地的修行来使一棵枯树发芽,那是人人都向往的,但因为看见了枯树,每天浇水使它复活,则更有了人味儿,更能振奋平凡人的心。

　　平凡,自成境界,却很少有人知道。这也是为什么大艺术家们赞叹弘一大师的原因。以一生之力追求更高境界的艺术家,在"平凡,自成境界"的法师面前,也就不得不俯首了。

与你共享

　　平凡是一种境界,就看我们怎么去把握。尘世中,大多数人都很平凡,可有人却不愿承认平凡,所以他们真平凡。有些人承认自己平凡,并且甘于以平静的心去面对一花一物,所以他们很不平凡。其实,平凡和不平凡之间,仅有一纸之隔。

(刘英俊)

作者简介

潘石屹 1963 年生,甘肃天水人。SOHO 中国有限公司董事长。曾做过机关干部,后辞职南下。1993 年成立北京万通实业股份有限公司,开发的万通新世界广场等项目,被誉为京城房地产发展史上的一个里程碑。曾出版随笔集《潘石屹的博客》、《我用一生去寻找》等。

黑白之间的屋檐下

□ 潘石屹

黑白之间存在着大量的灰,这才是真实的存在。

黑白分明,总是人头脑中的抽象,是人类的极端。

曾经,我们把人分成了两类,好人和坏人。事实上,中间的、既有缺点又有优点的人占绝大多数。看中国的山水画,大量是黑白过渡的灰色空间,比起电脑制作的色彩艳丽的图画要有意境得多,也真实得多。我们看到的山川,不是电脑图画的样子。建筑中,有屋内空间,有屋外空间。而屋檐下的空间,既不是屋内,也不是屋外,这是中国建筑的特点,也是中国文化的体现。

不是对,就是错;不是我们的朋友,就是我们的敌人,这种极端的思维已经给这个世界带来了许多的灾难和战争。不是反恐的国家,就是恐怖主义的国家,正是这种思维的结果。要少一些痛苦和战争,我们应该站在屋檐下,用我们的眼睛看到一个在黑白之间存在着大量灰色的真实世界。我们语言中,越来越多的极端词语,使用"太"、"很"多了一些。对事实准确描述的词语少了一些。

今天,也有人试图用阶层划分人群,同样困难。不是几个阶层就能划分清楚的。所以,这样归类、划分是徒劳无功的。大自然是完美无缺的,它什么也不缺少,也用不着我们费心去抽象成黑和白。总有人爱好搞各种各样的分类,那只是在黑白之间加了几档不同名称的灰。世界本来是光滑的、连续的、无边无际的画面,分类只是把这个世界抽象成为锯齿形的折线,这不是世界的本质。

世界犹如一幅丰富多彩的图画,人生也是一样。在把人们的工作和生活越来越精细地分类的过程中,生活和工作变得索然无味。犹如画布上抽下的一条线,失去了整体,什么也不是了。唯一能支撑人们孤独地往前走的是空洞的"专业精神"和曾经欺骗过卓别林的"专业化"。

某经济学家用一组数据、一个数学模型、几条曲线推导出:全球房地产泡沫几个月就要爆了,先从中国开始。中国先从上海开始,上海先从复地集团开始。这样的结论太自以为是了。全球经济和全球的房地产不可能抽象成他的几条曲线和一个数学模型,这种结论,基本上是为了哗众取宠,最后一定是自己打自己的嘴巴。

最近,我从头到尾地看了一遍余秋雨的《千年一叹》,多少古文明消失得无影无踪,多少古文明国家破败得不成样子。唯一兴盛的是中华民族,为什么?余秋雨写了不少的理由,但我认为,是因为中国民族不走极端,中庸之道,是生活在黑白之间屋檐下的民族,是对大自然有敬畏之心的民族。黑白分明是一种特定情形下极端的反映。单调是容易死亡的,因为相反之物不存在,没有了平衡。黑白只有两种,而黑白之间的灰有无数种。历史只记录暴力、极端,而忽略了宁静。历史中绝大多数的时间是由宁静构成的。人们在赞美长城时,赞美的不仅是建筑的伟大,更赞美的是大自然的魅力。

手机上流行一条短信:"给长城贴瓷砖",不知是说工程的巨大,还是说对长城的破坏。

与你共享

灰色介于黑白之间,具有朴实、稳重的风韵。在黑白摄影作品中,只有黑、白两色还不能称为完美,画面必须有灰色的过渡。生活亦是如此,我们常常处于黑与白的中间地带。我们不能用极端的眼光去看待这个世界,因为没有什么是绝对的,不是简单的黑白两色就能概括的。 (刘英俊)

作者简介

罗素（1872~1970） 英国哲学家、数学家、逻辑学家。主要著作有《哲学原理》、《哲学问题》、《数学原理》、《西方哲学史》、《论教育》、《罗素回忆录》等，曾应梁启超邀请于 1920 年来华讲学，任北京大学客座教授，其讲稿《罗素五大讲演》曾在中国出版。回国后写出《中国的问题》一书，讨论中国将在 20 世纪历史中发挥的作用。1950 年获诺贝尔文学奖。

宁　　静

□［英］罗　素

过度的兴奋不仅有害于健康，而且会使对各种快乐的欣赏能力变得脆弱，使得广泛的机体满足被兴奋所代替，智慧被机灵所代替，美感被惊诧所代替。我并不完全反对兴奋，一定的兴奋对身心是有益的，但是，同一切事物一样，问题出在数量上。数量太少会引起人强烈的渴望，数量太多则使我疲惫不堪。因此，要使生活变得幸福，一定的忍受力是必要的。这一点从小就应该告诉年轻人。

一切伟大的作品都有令人生厌的章节，一切伟人的生活都有无聊乏味的时候。试想一下，一个现代的美国出版商，面前摆着刚刚到手的《旧约全书》书稿。不难想象这时他会发表什么样的评论，比如说《创世纪》吧。"老天爷！先生"，他会这么说，"这一章太不够味儿了。面对这么一大串人名——而且几乎没做什么介绍——可别指望我们的读者会发生兴趣。我承认，你的故事开头不错，所以开始时我的印象还相当好，不过你也说得太多了。把篇幅好好地削一削，把要点留下来，把水分给我挤掉，再把手稿带来见我。"现代的出版商之所以这么说，是因为他知道现代的读者对繁复感到恐惧。对于孔子的《论语》，伊斯兰教的《古兰经》，马克思的《资本论》，以及所有那些被当做畅销书的圣贤之书，他都会持这种看法。不独圣贤之书，所有精彩的小说也都有令人乏味生厌的章节。要是一部小说从头

仅热爱自己的人，实质就是公众的敌人。

——［英］弗兰西斯·培根

至尾,每一页都扣人心弦,那它肯定不是一部伟大的作品。伟人的生平,除了某些光彩夺目的时刻以外,总有不那么绚丽夺目的时光。苏格拉底可以日复一日地享受着宴会的快乐,而当他喝下去的毒酒开始发作时,他也一定会从自己的高谈阔论中得到一定的满足。但是他的一生,大半时间还是默默无闻地和他的妻子克姗西比一起生活,或许只有在傍晚散步时,才会遇见几个朋友。据说在康德的一生中,从来没有到过柯尼斯堡以外 10 英里的地方。达尔文,在他周游世界以后,余生都在他自己家里度过。马克思,掀起了几次革命之后,则决定在不列颠博物馆里消磨掉余生。

总之,可以发现,平静的生活是伟人的特征之一,他们的快乐,在旁观者看来,不是那种令人兴奋的快乐。没有坚持不懈的劳动,任何伟大的成就都是不可能的。这种劳动令人如此全神贯注,如此艰辛,以至于使人不再有精力去参加那些更紧张刺激的娱乐活动,除了加入假日里恢复体力消除疲劳的娱乐活动,如攀登阿尔卑斯山之外。

与你共享

人生路漫漫,我们应学会淡泊。淡泊不是平庸,宁静往往可以孕育辉煌。突如其来的喧嚣,是留不住的景观,不变的淡泊和宁静才是永久的圣殿。只有在淡泊宁静的磨砺中,我们的心胸才能豁达宽广,我们的志向才能长存不溺。

(王　嘉)

作者简介　余秋雨　1946年生,浙江余姚人。著名艺术理论家、中国文化史学者、散文作家。出版中外艺术史论专著和散文集多部。代表作有《文化苦旅》、《山居笔记》、《行者无疆》、《千年一叹》、《文明的碎片》、《借我一生》等。

为自己减刑

□ 余秋雨

　　一位朋友几年前进了监狱,有一次我应邀到监狱为犯人们演讲,没有见到他,就请监狱长带给他一张纸条,上面写了一句话:"平日都忙,你现在终于获得了学好一门外语的上好机会。"

　　几年后我接到一个兴高采烈的电话:"嘿,我出来了!"我一听是他,便问:"外语学好了吗?"他说:"我带出来一部60万字的译稿,准备出版。"

　　他是刑满释放的,但我相信他是为自己而减了刑。茨威格在《象棋的故事》里写了一个被囚禁的人无所事事时度日如年,而获得一本棋谱后日子过得飞快。外语就是我这位朋友的棋谱,轻松地几乎把他的牢狱之灾全然赦免。

　　真正进监狱的人毕竟不多,但我却由此想到,很多人正好与我的这位朋友相反,明明没有进监狱却把自己关在心造的监狱里,不肯自我减刑、自我赦免。我见到过一位年轻的公共汽车售票员,一眼就可以看出他非常不喜欢这个职业,懒洋洋地招呼,爱理不理地售票,不时抬手看看手表,然后满目无聊地看着窗外。我想,这辆公共汽车就是这位售票员的监狱,他却不知刑期多久。其实他何不转身把售票当做棋谱和外语,满心欢喜地把自己释放出来呢!

　　对有的人来说,一个仇人也是一座监狱,那人的一举一动都成了层层铁窗,天天为之而郁闷仇恨、担惊受怕。有人干脆扩而大之,把自己的嫉妒对象也当做了监狱,人家的每项成果都成了自己无法忍受的刑罚,白天黑夜独自煎熬。

　　听说过去英国人在印度农村抓窃贼时方法十分简单,抓到一个窃贼便

不宜妄自菲薄。

——(三国)诸葛亮

在地上画一个圈让他待在里边，抓够了数字便把他们一个个从圈里拉出来排队押走。这真对得上"画地为牢"这个中国成语了，而我确实相信，世界上最恐怖的监狱并没有铁窗和围墙。

人类的智慧可以在不自由中寻找自由，也可以在自由中设置不自由。环顾四周，多少匆忙的行人，眉眼带着一座座监狱在奔走。老友长谈，苦叹一声，依稀有银铛之音在叹息声中盘旋。

舒一舒眉，为自己减刑吧！除了自己，还有谁能让你恢复自由呢？

与你共享

人生之路并不短，却也并非无涯。换一种心态，把心灵的重负和枷锁一并摘下。让心灵做有氧运动，"但愿平和心广泰，不尚繁华好清风"。冬日、夏夜、春晨、秋晚，都是美景！别让良辰好景虚设。翻一页文字，喝一杯咖啡，听一段音乐，不亦是为自己减刑吗？！

（王　嘉）

> **作者简介**　梁实秋（1902~1987）　原名治华，生于北京，浙江杭县（今余杭）人。1949年到台湾。现当代散文家、文学评论家、翻译家。毕业于清华大学，曾留学美国。先后任教于北京大学等校。创作以散文小品著称，以《雅舍小品》为代表作。主要著作有文学评论集《浪漫的与古典的》、《文学的纪律》，译著《莎士比亚全集》等。主编《远东英汉大辞典》。

寂　寞

□ 梁实秋

寂寞是一种清福。我在小小的书斋里，焚起一炉香，袅袅的一缕烟线笔直地上升，一直戳到顶棚，好像屋里的空气是绝对的静止，我的呼吸都没有搅动出一点波澜似的。我独自暗暗地望着那条烟线发怔。屋外庭院中的紫丁香还带着不少嫣红焦黄的叶子，枯叶乱枝的声响可以很清晰地听到，先是一小声清脆的折断声，然后是撞击着枝干的磕碰声，最后是落到空阶上的拍打声。这时节，我感到了寂寞。在这寂寞中我意识到了我自己的存在——片刻的孤立的存在。这种境界并不太易得，与环境有关，更与心境有关。寂寞不一定要到深山大泽里去寻求，只要内心清净，随便在市廛（chán）里，陋巷里，都可以感觉到一种空灵悠逸的境界，所谓"心远地自偏"是也。在这种境界中，我们可以在想象中翱翔，跳出尘世的渣滓（zhā zǐ），与古人游。所以我说，寂寞是一种清福。

在礼拜堂里我也有过同样的经验。在伟大庄严的教堂里，从彩画玻璃窗透进一股不很明亮的光线，沉重的琴声好像是把人的心都洗淘了一番似的，我感觉到了自己的渺小。这渺小的感觉便是我意识到自己存在的明证。因为平常连这一点点渺小之感都不会有的！

我的朋友肖丽先生卜居在广济寺里，据他告诉我，在最近一个夜晚，月光皎洁，天空如洗，他独自踱出僧房，立在大雄宝殿的石阶上，翘首四望，月色是那样的皎洁，蓊郁的树是那样的静止，寺院是那样的肃穆，他忽然顿有所悟，悟到永恒，悟到自我的渺小，悟到四大皆空的境界。我相信一个人常有这样的经验，他的胸襟自然豁达寥廓。

但是寂寞的清福是不容易长久享受的。他只是一瞬间的存在。世间有太多的东西不时地提醒我们，提醒我们一件煞风景的事实：我们的两只脚是踏在地上的呀！一只苍蝇撞在玻璃窗上挣扎不出去，一声"老爷太太可怜可怜我这个瞎子吧"，都可以使我们从寂寞中间一头栽出去，栽到苦恼烦躁的旋涡里去。至于"催租吏"一类的东西打上门来，或是"石壕吏"之类的东西半夜捉人，其足以使人败兴生气，就更不待言了。这还是外界的感触，如果自己的内心先六根不净，随时都心猿意马，则虽处在最寂寞的境地里，他也是慌成一片，忙成一团，六神无主，暴跳如雷，他永远不得享受寂寞的清福。

如此说来，所谓寂寞不即是一种唯心论，一种逃避现实的现象吗？也可以说是。一个高韬隐遁的人，在从前的社会里还可以存在，而且还颇受

过于自卑就无异于自毁，只有打破自卑感这层坚冰，树立坚强的自信力，生命的火花才能射出耀眼的光芒。
——张殿国

人敬重，在现在的社会里是绝对的不可能。现在似乎只有两种类型的人了，一是在现实的泥溷(hùn)中打转的人，一是偶然也从泥溷中昂起头来喘口气的人。寂寞便是供人喘息的几口新空气。喘几口气之后还得耐心地低头钻进泥溷里去。所以我对于能够昂首物外的举动并不愿再多苛责。逃避现实，如果现实真能逃避，吾寤(wù)寐以求之！

有过静坐经验的人该知道，最初努力把握着自己的心，叫它什么也不想，是多么困难的事！那是强迫自己入于寂寞的手段，所谓参禅入定完全属于此类。我所赞美的寂寞，稍异于是；我所谓的寂寞，是随缘偶得，无须强求，一刹那的妙悟也不嫌短，失掉了也不必怅惘。但是我有一刻寂寞，我要好好地享受它。

与你共享

许多人害怕寂寞，视寂寞如魔鬼，一旦遭遇，就发出无奈的怨叹。其实，在寂寞中，我们能品出一种独特的滋味，得到另一种生活乐趣。真正的寂寞可遇不可求，是随缘偶得，是我们借以认识自我，进而认识社会、认识世界的法宝。

(王　嘉)

李国文　1930年生于上海，祖籍江苏盐城。当代著名作家。著有长篇小说《花园街五号》，短篇小说集《第一杯苦酒》、《危楼纪事》等。长篇小说《冬天里的春天》获首届茅盾文学奖，《大雅村言》获第二届鲁迅文学奖，《危楼纪事之一》获全国第四届优秀短篇小说奖。近年来出版多部散文随笔集，其中有《中国文人的活法》、《李国文说唐》等。有评论家认为："他是当代将学识、性情和见解统一得最好的散文家之一，颇有法国作家蒙田之风。"

淡　之　美

□ 李国文

淡，是一种至美的境界。

一个年轻的女孩子，在你眼前走过，虽是惊鸿一瞥，但她那淡淡的妆，更接近于本色和自然，好像春天早晨一股清新的风，就会给人留下一种纯净的感觉。

如果浓妆艳抹的话，除了这个女孩表面上的光丽之外，就不大会产生更多的有韵味的遐想来了。

其实，浓妆加上艳抹，这四个字本身，已经多少带有一丝贬义。

淡比之浓，或许由于接近天然，似春雨，润地无声，容易被人接受。

苏东坡写西湖，曾经有一句"浓妆淡抹总相宜"，但他这首诗所赞美的，"水光潋滟（liàn yàn）晴方好，山色空濛雨亦奇"，也是大自然的西湖。虽然苏东坡时代的西湖，并不是现在这种样子的，但真正欣赏西湖的游客，对那些大红大绿的，人工雕琢的，市廛（chán）云集的，车水马龙的景象，未必多么感兴趣的。

识得西湖的人，都知道只有在那早春时节，在那细雨，碧水，微风，柳枝，桨声，船影，淡雾，山岚之中的西湖，像一幅淡淡的水墨画，展现在你眼前的西湖，才是最美的西湖。

平易恬淡，则忧患不能人，邪气不能袭，故其德全而神不亏。
——（战国）庄　子

水墨画,就是深得淡之美的一种艺术。

在中国画中,浓得化不开的工笔重彩,毫无疑义,是美;但在一张玉版宣上,寥寥数笔,便经营出一个意境,当然也是美。前者,统统呈现在你眼前,一览无余;后者,是一种省略的艺术,墨色有时淡得接近于无。可表面的无,并不等于观众眼中的无,作者心中的无,那大片大片的白,其实是给你留下的想象空间。"空山不见人,但闻人语响。"没画出来的,要比画出来的,更耐思索。

西方的油画,多浓重,每一种色彩,都唯恐不突出地表现自己,而中国的水墨画,则以淡见长,能省一笔,绝不赘语,所谓"惜墨如金"者也。

一般说,浓到好处,不易;不过,淡而韵味犹存,似乎更难。

咖啡是浓的,从色泽到给中枢神经的兴奋作用,以强烈为主调。有一种土耳其款式的咖啡,煮在杯里,酽黑如漆,饮在口中,苦香无比,杯小如豆,只一口,能使饮者彻夜不眠,不觉东方之既白;茶则是淡的了,尤其新摘的龙井,就更淡了。一杯在手,嫩蕊舒展,上下浮沉,水色微碧,近乎透明,那种感官的怡悦,心胸的熨帖,腋下似有风生的惬意,也非笔墨所能形容。所以,咖啡和茶,是无法加以比较的。

但是,若我而言,宁可倾向于淡。强劲持久的兴奋,总是会产生负面效应。

人生,其实也是这个道理。浓是一种生存方式,淡,也是一种生存方式。两者,因人而异,不能简单地以是或非来判断。我呢,觉得淡一点,于身心似乎更有裨益。

因此,持浓烈人生哲学者,自然是积极主义了;但执恬淡生活观者,也不能说是消极主义。奋斗者可敬,进取者可钦,所向披靡者可佩,热烈拥抱生活者可亲;但是,从容而不急趋,自如而不窘迫,审慎而不狂躁,恬淡而不凡庸,也未必不是又一种的积极。

一个人活在这个世界上,不管你是举足轻重的大人物,还是微不足道的小人物,只要有人存在于你的周围,你就会成坐标中的一个点,而这个点必然有着纵向和横向的联系。于是,这就构成了家庭、邻里、单位、社会中的各式各样繁复的感情关系。

夫妻也好,儿女也好,亲戚、朋友也好,邻居、同事也好,你把你在这个坐标系上的点,看得浓一点,你的感情负担自然也就重;看得淡一点,你也许可以洒脱些,轻松些。

譬如交朋友,好得像穿一条裤子,自然是够浓的了。"君子之交淡如水",肯定是百分之百的淡了。不过,密如胶漆的朋友,反目成仇,又何其多呢?倒不如像水一样淡然相处,无眤无隙,彼此更怡洽些。

近莫近乎夫妇,亲莫亲于子女,其道理,也应该这样。太浓烈了,便有求全之毁,不虞之隙。

尤其落到头上,一旦要给自己画一张什么图画时,倒是宁可淡一点的好。

物质的欲望,固然是人的本能,占有和谋取,追求和获得,大概是与生俱来的。清教徒当然也无必要,但欲望膨胀到无限大,或争名于朝,争利于市,或欲壑难填,无有穷期;或不甘寂寞,生怕冷落,或欺世盗名,招摇过市。得则大欣喜,大快活,不得则大懊丧,大失落。神经像淬火一般经受极热与极冷的考验,难免要濒临崩溃边缘,疲于奔命的劳累争斗,保不准最后落一个身心俱弛的结果,活得实在是不轻松啊!其实,看得淡一点,可为而为之,不可为而不强为之的话,那么,得和失、成和败,就能够坦然处之,而免掉许多不必要的烦恼。

淡之美,某种程度近乎古人所说的禅,而那些禅偈中所展示的智慧,实际上是在追求这种淡之美的境界。

禅,说到底,其实,就是一个"淡"字。

人生在世,求淡之美,得禅趣,不亦乐乎?

与你共享

色彩绚丽的云霞固然让人心驰神往,风轻云淡的天空同样令人沉醉其中。淡,是一种至美的意境,是一种对生命的感悟。用一种淡淡的心情去观望世间种种,去品味那淡淡的韵味与美丽。求淡之韵,求淡之美,求淡之真意,我们也许会活出另一种人生境界。 　　　　　　　　　　　　　(王　嘉)

猜疑是卑鄙灵魂的伙伴。

——[英]潘　恩

作者简介　　秦姆巴杜　美国斯坦福大学著名的社会心理学家,著有畅销书《怕羞谈》。

"怕羞"问答

□ [美]秦姆巴杜　唐若水　译

问:秦姆巴杜教授,请谈谈怕羞者的心理活动,有多少美国人认为自己怕羞?

答:怕羞者羞于和人打交道——原因往往是怕羞者缺乏自信,过分自卑,或者是怯于担风险,这个可怕的"离心力"使怕羞者不能全面地认识自己的潜在能力,同时还使怕羞者很难与他人亲密相处。

6年来我们对数以万计的对象进行了心理调查。统计结果表明:40%的美国人都认为自己有怕羞的弱点。令人吃惊的是,其中包括有前总统卡特和卡特夫人、英国的查理王子、电影明星凯瑟琳·丹纽佛、电视明星卡罗·伯纳特和巴勃拉·华尔特斯、运动员弗兰特·林恩……许多名人在公众场合并不显得怕羞,然而他们又抱怨自己心中隐隐约约地遭受着怕羞心理的煎熬。

问:有天生就怕羞的人吗?

答:没有。

怕羞心理是我们在家庭、学校或接触同事、朋友的一系列特殊条件和环境的影响下逐步形成的。我们作过以下统计:四分之一的成年怕羞者在儿童时代并不怕羞;也有相当百分比的儿童怕羞者长大到一定年岁时却变得并不怕羞了。一言以蔽之:人们是可以改变怕羞心理的。

当然,世上也有为数不少的不幸者——他们一辈子都怕羞。有个70多岁的老人曾对我说:"我多么希望有朝一日我能一点也不怕羞啊!"

問:怕羞是否一定是个缺点?

答:不一定。

怕羞有时使某些人显得更可爱、更讨人喜欢。这些怕羞者会全心聆听别人的讲话,从不想抢人话题——于是他们就显得谦逊又富有涵养。不过,我们对7000人的调查表明:认为怕羞是长处的人毕竟是极少数;超过75%的人肯定地认为怕羞是一种当然的心理弱点。

怕羞使人很难与陌生人交往,它也使人不能清楚、充分地表达自己的见解。如果担任的是经理或教师一类的工作,那就会带来许多工作上的麻烦。

最令人担心的是,怕羞能导致沮丧、焦虑和孤独感,因为怕羞的人的性格往往显得软弱、冷漠。

问:怕羞的根本原因何在?

答:根本原因在于对安全感的过分追求——只求太平,不想冒点风险。怕羞者老让他人和环境来支配自己的行为,因而常常可怜巴巴地陷于被动地位。事实上,大多数怕羞者在事业和爱情上容易遭受失败。

问:如何帮助怕羞者?

答:怕羞者常常担心自己被别人否定。对他们来说,自己的一举一动都是一幕幕演出——他们认为别人正一刻不停地对他们的所作所为在作评价。他们总把别人看做是他们的"法官"——自然,他们跟周围人在一起就会感到很不自在。

鉴于此,当父母的很早就得开始向孩子传达这样一个信息:毫无疑问,大家都爱着他或她。这样,他或她从小就不必为他人对自己的"评判"而忧心忡忡。看来,最重要的是对自己要有足够的信心——要看到自己的力量并相信自己的力量。

问:怕羞者能否只凭自己的努力克服怕羞心理?

答:如果"症状"特别严重,那最好还是求助于心理医生。不过,大多数的怕羞者是完全可以自行克服自己的怕羞心理的。最有效的办法是学会各种各样待人接物的"技巧"——如何接近人,如何叙述一件事的始末,如何对付别人的恭维,如何讲"开场白",如何使谈话继续或中止。最怕羞的人甚至可以进行这些工作:对三个陌生人大方地说"您好";在跟人交谈时学会用眼传神,他们还可把自己"装扮"成专心致志的听众:微笑着,不时

只靠希望而生活的人,便要失望。

——意大利谚语

111

兴趣盎然地点着头，目光中充满了自信……

　　这儿有一个帮助您树立自尊的简单又行之有效的办法：不要对自己常作否定；相反，多想想如何去纠正别人的错处。

与你共享

　　在阅读许多伟人的传记时，我们会发现许多伟人的优秀品格和辉煌成就，从某种意义上说是由他的某种缺陷促成的。从这一点上说，怕羞在一定程度上也是优点。只要我们积极一些，乐观一些，怕羞的我们同样可以笑得自信、从容！

（王　嘉）

要生活得惬意

心理学家发现,潜意识无法分辨真假,如果你不断输入想要的信息,它就以为是真的。如果你每天早上起来就不断告诉自己,我很健康,我很快乐。在不知不觉中心态就会往那些方向改变,经过一段时间养成习惯,快乐的感受会在潜意识中出现,每天就会有快乐的情绪出现。

要生活得惬意,去听听草间的风声,去享受林木的呼吸,还有那夜的明月、雨的彩虹。从自然中走出的灵魂,应该将自己还给自然。

作者简介 毛毛 原名邓榕,1950年生于重庆,邓小平之女。曾任中国驻美国大使馆秘书、全国人大办公厅研究室副主任等职。2008年5月以中国爱乐乐团高级顾问、代表团团长的身份访问梵蒂冈,受到教皇本笃十六世的接见。著有《我的父亲邓小平》等。

邓小平在江西的劳动生活

□ 毛 毛

生活安顿好之后,父母亲开始到新建县拖拉机修造厂参加劳动。

新建县拖拉机修造厂,是一个修理农机配件的小厂,全厂共有80来人,离步校大约一公里。北京的人和省里的人来到厂里勘察后,省里通知厂革委会主任兼党支部书记罗朋,邓小平夫妇要来这个厂监督劳动。省里交代,要绝对保证邓夫妇的人身安全,不许发生围观揪斗,有事直接向省革委会保卫组报告。至于称呼,既不能叫同志,也不要直呼其名,就叫老邓,邓年纪大了,活儿也不要太重,派些力所能及的即可。

罗朋,抗日战争时期曾是邓领导下的冀鲁豫军区的一名干部,在太行山曾多次听当时的政委邓小平作过报告,所以,说起邓小平,他一点儿也不陌生。新中国成立后,罗朋曾在北京公安部任副局级干部,1959年反右时因"犯错误"被下放到江西,"文革"后辗转到了这个小小的县级厂子。邓小平要到他的这个厂里监督劳动,对于他来说,不只是没想到,简直可以说是惊愕不已。虽然邓小平现在是"第二号最大的走资派",但作为老部下,罗朋对邓还是有感情的。接到指示后,罗朋在厂里迅速召开支部会,在全厂做了布置,并专门安排了一间小屋,准备给邓夫妇休息。

11月9日清晨,父母亲早早起来,吃过早饭后,一起出发去工厂劳动。为了方便劳动,到江西后,他们让黄干事帮助,每人准备了一套卡其布的深蓝色的中山装,妈妈还用松紧带把袖口缩紧,以便做工时用。今天,他们身着新的自备工装,脚踏草绿色军用胶鞋,从大灰木门上的一扇小门中跨出小院,走上了步校红色的沙石路。听着小沙石踩在脚下咯吱咯吱作响,看着周围满眼的苍翠碧绿,他们的心情是高兴的。出了步校后,他们走在公路上,放眼望去,是田野,是收割后的稻田,矮矮的稻茬在湿润的泥土中直直地立着,等待着翻耕。蓝天、白云、绿树、田野,周围的景物,每一样都是那样的鲜明,那样的可亲可爱,自"文革"爆发以来,这是他们第一次出来,第一次"自由自在"地走着出来,走到"世界"上来,走到大路上来,去劳动,去"上班",去和世人接触。在禁锢了三年之后,这种感觉,无异于解放,无异于新生。

走了约 40 分钟,到了工厂。在一间办公室里,罗朋向他们简单地介绍了一下厂里的情况,然后就到车间。车间负责人姓陶名端缙。像当时不少工厂那样,这里按部队的连、排编制,车间主任就称排长。陶排长厚道直爽,人很和气又很心细。邓小平在他的车间里干活,他很欢迎,是真心诚意的欢迎。陶排长是一个工人,一个小小的县办工厂里普通得再也不能普通的工人。工人,就是干活,就是要干好活。他和这个工厂里所有的工人一样,干革命、搞运动是一回事,干活、工作、养家又是一回事,而且是更加重要的一回事。在革命风暴席卷全国的年代,这个工厂里,竟然没有红卫兵组织,也是少有的事。虽然也搞运动,也闹革命,但整个工厂风平浪静,波澜不起,俨然一个小小的世外天地。陶排长心里是坦然的,什么"走资派",来我这里干活,就和我们一样。厂里的工人们想的和陶排长也是一样的,老邓年纪大了,放把椅子,累了可以坐坐;老卓身体不好,能干多少就干多少吧。

安排老邓干什么活呢?这可是费了陶排长的一番心思。一开始,他想让邓干点轻活儿,就分配他用汽油洗一些零件。但是邓年纪大了手抖,拿不住东西,而且弯腰也困难。洗东西不行,陶排长又想安排邓干点看图纸的轻活儿,结果邓眼睛老花了看不清楚。最后,还是邓自己提出,想干一点出力气的活儿。陶排长问邓,干点用锉刀钳工锉点零件怎么样?邓立刻表示同意。钳工工作台在车间的一角,上面放着钳工工具。邓看见后很高兴,拿起锉刀便开始干活。陶排长一看,邓完全不像一个新手的样子。他哪里知道,早在 40 年前,邓在法国勤工俭学时,就在有名的雷诺汽车厂里干过钳工,虽时隔已久,但对这门手艺并不陌生。当听到陶排长意外的赞叹时,邓笑了笑。邓自己也没有想到,早年在法国一边干革命工作,一边学会的这门手艺,几十年后竟然在江西的这个小工厂中派上了用场。真可谓世事难料呀。

至于老卓的工作,很好安排。她身体不好,可以和女工们一起洗线圈。在电工班,一个叫程红杏的年轻女工,热情地招呼老卓坐下,一边比画着一边告诉她如何拆线圈、如何洗线圈。旁边都是年轻的小姑娘,一个个笑嘻嘻的,和她们在一起,真是一种享受,一种幸福。

在邓夫妇来厂之前,根据上面的交代,任何人不经许可,不许与他们接触。初来之时,工人们只能向邓夫妇投以好奇的目光。要知道,这些大部分来自农村的老实巴交的工人,哪见过来头这么大的人物。什么以前的领导人也好,什么现在的大"走资派"大"黑帮"也好,他们都没见过,几天以后,工人们就习惯了。老邓和老卓,同他们一样,每天都来,每天都在一起,干着一样的活儿。没用多久,大家就都熟悉了。那些什么规定,什么好奇,也都跟着消失了。工厂很快就恢复了往日的平静。而对于邓夫妇来说,每日能和工人们在一起,远离政治的旋涡,没有标语,没有批判,没有口号,也不再孤寂。在"文革"普天之下皆混乱的情况下,在揭发批判满天飞的险境中,人与人之间,能够自然和谐地相处在一起,一起干活,一起说笑,实在是一种可遇而不可求的生活享受。

一开始,父母亲从步校到工厂,从大路走,要绕一个圈子,步行差不多要40分钟的时间,中间还要经过一个长途汽车站。这个路线既费时间,又不安全。罗朋、陶排长和黄干事商量了一下,想看看还有没有别的路可走。他们爬上工厂后墙向步校方向望去,两处之间如果能够直走,就近得多了。他们立即动手,在后土墙上开了一个小门,在工厂的后面,沿着荒坡和田埂,铺铺垫垫,修出了一条小路。从这条小路,只用20来分钟,就可以从步校径直地走到工厂。

从此以后,无论刮风下雨,无论天热天寒,除生病有事外,每日清晨,都可以准时地看到,父母亲二人在前,黄干事在后,通过这条田间小道,到工厂上工。在江西的三年时间里,和工人的接触,劳动的本身,成了父母亲不可缺少的、也可以说是极其重要的生活内容。

父母亲每日上午去工厂劳动,中午回家吃饭,午休以后,下午在家干些家务活儿。他们除了去工厂劳动外,不能外出,因此奶奶和妈妈便张罗着,让黄干事和战士小贺帮助买了一些锅碗瓢盆之类的炊具厨具和柴米油盐之类的生活必需品,以便开炉起火。院子后面,原有一个木头板子搭的仓房,正好放买来的煤和木柴。父亲找了一个大木墩子,用斧子把木头劈砍成小木条木块。再找一个硬地,用锤子把大煤块儿砸碎。他和妈妈一起,再把这些生火用的柴和煤用大竹筐装好,堆放在柴房里。冬天来到的时候,他们已准备好足够的燃料,以备烧火做饭和烧洗澡水的锅炉使用。洗衣服也有分工。妈妈洗平时穿的衣服。洗大的床单、被里的时候,父亲就帮着用清水漂洗,两人再一起拧,一起晾晒。忙忙碌碌,不知不觉,下午的时光就过去了。太阳的余晖把浓密的树影斜斜地投向院内,小鸟儿扑打着翅膀在树梢徘徊。简简单单吃过晚饭后,三位老人洗碗擦桌扫地,把剩下的食物放进一个装着纱窗门的碗柜,把火封好,把灯关上。一切安顿完毕,回到楼上,父亲看报纸看书,妈妈和奶奶在灯下缝缝补补,做针线活儿,每晚八时,准时收听中央人民广播电台的新闻广播。十点钟,大家散伙,准备睡觉。父亲躺下来后,还要看一个来钟头的书,然后关灯。长年以来,父母亲的生活一直很有规律,在这里,他们仍然保持了这个习惯。

这个在"文革"中被解散的步校,本已空无人用,一片萧条冷落。空荡无人的校舍门窗不全,凡遇风雨,便可听到空洞的门窗撞击之声回响不绝。天黑之后,路灯不开,四周一片漆黑。远远望去,唯有小丘之上的那座小楼,亮着淡淡的灯光。而在这最后的一盏灯光熄灭之后,偌大一个校园便陷入幽暗。月亮升起,一片银光轻轻洒落。无人语,无鸟声,无风鸣。天地之间,显现出一层更深的静寂和空灵。

父母亲和奶奶三人忙着安顿新的生活,一般没有什么事情,黄干事不到他们住的这一边来,战士小贺因为帮助买菜什么的,一天总来几次。平时没事,黄干事和小贺就在小楼门厅里的一个乒乓球台上打球。

邓小平来江西是监督劳动锻炼,不能光劳动而无监督呀。11月23日,秉承上面的旨意,黄干事上楼,让父母亲对到江西一个月来的劳动和学习写出心得体会。父亲听后,只说了一句:"有事我会给毛主席党中央写报告的。"说后再不发一言。黄干事讨了个没趣,讪讪而去。

气馁是绝望之母。

——[英]济 慈

是啊,转眼间,来江西一个月了,一直忙忙碌碌,安排生活和劳动的事,该给中央写封信了。

11 月 26 日,父亲提笔给汪东兴写信。

他写道:"我们 10 月 22 日离开北京,当日到南昌,住军区招待所四天,26 日移到新居,房子很好。移住后,安排了几天家务,买了些做饭的和日用的家具。11 月 9 日,我和卓琳就开始到工厂劳动。每天上午六时半起床,七时三十五分由家动身,二十几分钟就走到工厂,在厂劳动大约三小时半,十一时半由厂回家,吃午饭后睡睡午觉,起来后读毛选(每天力求读一小时以上)和看报纸,夜间听广播,还参加一些家务劳动,时间也过得很快。我们是自己做饭(主要是我的继母做,我和卓琳帮帮厨)。我们过得非常愉快。"

父亲详尽地把他来到江西后的生活一一写上。信中他说过得非常愉快,是真心话。新的生活,劳动的锻炼,与工人们的接触,无不令人耳目一新,总的来讲,心情是愉快的。

他继续写道:"我们是在新建县(南昌市属,距南昌二十余里)县办的一个拖拉机修造厂劳动。这个厂原是县的拖拉机修理站,现扩大为修理兼制造的厂,全厂八十余人,除劳动外,还参加了两次整党会议和一次大干年终四十天的动员大会。厂里职工同志对我们很热情,很照顾,我们参加的劳动也不重,只是卓琳心脏病较前增剧,血压增高到低一百高二百,吃力一点,但她尽力每天上班。"

把生活和劳动的事情写完后,父亲在信中表示,绝不辜负毛主席和党的关怀,绝不做不利于党和社会主义祖国的事情,努力保持晚节。

最后,他写道:"因为要熟悉一下,所以过了一个月零四天才给你写第一封信,以后当隔一段时间向你作一次报告。如有必要,请将上述情形报主席副主席和党中央。"

虽然到了离京千里之遥的江西,父亲仍像在北京时一样,用通信的方式,保持和中央的一线联系。

与你共享

江西对邓小平来说,是一个刻骨铭心的地方。在他漫长的革命生涯中,两次最痛苦的磨难都是在江西渡过。即使在这样的生活困境中,他仍保持着积极、乐观的精神和顽强的生存能力,渡过了那段艰苦的岁月。这就是伟人的人格魅力。

（王　嘉）

作者简介

季羡林　1911 年生,山东清平(今临清市)人。著名语言学家、文学翻译家、作家,梵文、巴利文研究专家,北京大学教授。其一生致力于东方学,特别是印度学的研究工作,被誉为东方学大师。著述主要有《中印文化关系史论丛》、《印度简史》、《印度古代语言论集》、《原始佛教的语言问题》等,散文作品有《季羡林谈人生》、《牛棚杂忆》、《病榻杂记》等,翻译作品主要有印度史诗《罗摩衍那》。

人生的意义与价值

□ 季羡林

当我还是一个青年大学生的时候,报刊上曾刮起一阵讨论人生的意义与价值的微风,文章写了一些,议论也发表了一通。我看过一些文章,但自己并没有参与进去。原因是,有的文章不知所云,我看不懂。更重要的是,我认为这种讨论本身就无意义、无价值,不如实实在在地干几件事好。

时光流逝,一转眼,自己已经到了望九之年,活得远远超过了我的预算。有人认为长寿是福,我看也不尽然,人活得太久了,对人生的种种相,众生的种种相,看得透透彻彻,反而鼓舞时少,叹息时多。远不如早一点离开人世这个是非之地,落一个耳根清净。

那么,长寿就一点好处也没有吗?也不尽然。这对了解人生的意义与

反躬自省和沉思默想只会充实我们的头脑。

——[法]巴尔扎克

119

价值,会有一些好处的。

据我观察,对世界上绝大多数人来说,人生一无意义,二无价值。他们也从来不考虑这样的哲学问题。走运时,手里攥满了钞票,白天两顿美食城,晚上一趟卡拉 OK,玩一点小权术,耍一点小聪明,甚至恣睢(zì suī)骄横、飞扬跋扈、昏昏沉沉、浑浑噩噩,等到钻入了骨灰盒,也不明白自己为什么活这一生。

其中不走运的则穷困潦倒,终日为衣食奔波,愁眉苦脸、长吁短叹。即使日子还能过得去的,不愁衣食,能够温饱,然也终日忙忙碌碌,被困于名缰,被缚于利锁。同样是昏昏沉沉、浑浑噩噩,不知道为什么活这一生。

对这样的芸芸众生,人生的意义与价值从何谈起呢?我自己也属于芸芸众生之列,也难免浑浑噩噩,并不比任何人高一丝一毫。如果想勉强找一点区别的话,那也是有的:我,当然还有一些不同于别人的地方,对人生有一些想法,动过一点脑筋,而且自认为这些想法是有点道理的。

我有些什么想法呢?话要说得远一点。当今世界上战火纷飞、物欲横流,"黄钟毁弃,瓦釜雷鸣",是一个十分不安定的时代。但是,对于人类的前途,我始终是一个乐观主义者。我相信,不管还要经过多少艰难曲折,不管还要经历多少时间,人类总会越变越好的,人类大同之域绝不会仅仅是一个空洞的理想。但是,想要达到这个目的,必须经过无数代人的共同努力。有如接力赛,每一代人都有自己的一段路程要跑;又如一条链子,是由许多环组成的,每一环从本身来看,只不过是微不足道的一点东西,但是没有这一点东西,链子就组不成。在人类社会发展的长河中,我们每一代人都有自己的任务,而且是绝非可有可无的。如果说人生有意义有价值的话,其意义与价值就在这里。

但是,这个道理在人类社会中只有少数有识之士才能理解。鲁迅先生所称之"中国的脊梁",指的就是这种人。对于那些肚子里吃满了肯德基、麦当劳、比萨饼,到头来终不过是浑浑噩噩的人来说,有如夏虫不足以语冰,这些道理是没法谈的。他们无法理解自己对人类发展所应当承担的责任。

话说到这里,我想把上面说的意思简短扼要地归纳一下:如果人生真有意义与价值的话,其意义与价值就在于对人类发展的承上启下、承前启后的责任感。

生命的意义和价值是一种责任,是让人类的生命和精神延续的责任。生命对于我们每个人只有一次,我们每一个人都应该对生命尽职尽责。我们的身上,包含了上一代人的期望,使我们不仅成为他们生命的延续,也成为他们理想的延续。因而我们有责任健康地活着,坚强地活着! (王 嘉)

作者简介　罗慕洛　菲律宾将军、外交家、新闻工作者,以在第二次世界大战期间协助盟军和战后参加联合国工作而闻名。1950 年任菲律宾外交部长。1952 年任驻美大使。1956 年代表菲律宾参加联合国安全理事会,1957 年 1 月任安理会主席。出版有自传《我与英雄们同行》。

愿生生世世为矮人

□ [菲律宾] 罗慕洛

　　有一次,在巴黎举行的联合国会议席上,我和苏联代表团团长维辛斯基激辩。我讥刺他提出的建议是"开玩笑"。突然之间,维辛斯基把他所有轻蔑别人的天赋都向我发挥出来。他说:"你不过是个小国家的小人罢了。"

　　在他看来,这就是辩论了。我的国家和他的相比,不过是地图上的一个点而已;我自己穿了鞋子,身高只有 1.63 米。

　　即使在我家中,我也是矮子。我的四个儿子全比我高七八厘米。就是我的太太穿高跟鞋的时候,也要比我高吋(cùn,英寸)把。我们婚后,有一次她接受访问,曾谦虚地说:"我情愿躲在我丈夫的影子里,沾他的光。"一

应该相信,自己是生活的强者。

——[法]雨 果

个熟朋友就打趣地说，这样的话，就没有多少地方好躲了。

我身材矮小，和鼎鼎大名的人物在一起，常常特别惹人注意。第二次世界大战期间，我是麦克阿瑟将军的副官，他比我高20厘米。那次登陆雷伊泰岛，我们一同上岸，新闻报道说："麦克阿瑟将军在深及腰部的水中走上了岸，罗慕洛将军和他在一起。"一位专栏作家立即拍电报调查真相。他认为如果水深到麦克阿瑟将军的腰部，我就要淹死了。

我一生当中，常常想到高矮的问题。我但愿生生世世都做矮子。

这句话可能会使你诧异。许多矮子都因为身材而自惭形秽。我得承认，年轻的时候也穿过高底鞋。但用这个法子把身材加高实在不舒服，并不是身体上的，而是精神上的不舒服。这种鞋子使我感到，我在自欺欺人，于是我再也不穿了。

其实这种鞋子剥夺了我天赋的一大便宜。因为：矮小的人起初总被人轻视，后来，他有了表现，别人就觉得出乎意料，不由得不佩服起来，在他们心目中，他的成就就格外出色。

有一年我在哥伦比亚大学参加辩论小组，初次明白了这个道理。我因为矮小，所以样子不像大学生，而像小学生。一开始，听众就为我鼓掌助威。在他们看来，我已经居于下风，大多数人都喜欢看居下风的人得胜。

我一生的遭遇都是如此。平平常常的事经我一做，往往就似乎成了惊天动地之举，因为大家对我毫不寄以希望。

1945年，联合国创立会议在旧金山举行，我以无足轻重的菲律宾代表团团长身份，应邀发表演说。讲台差不多和我一样高。等到大家静下来，我庄严地说出这一句话："我们就把这个议场当做最后的战场吧。"全场登时寂然，接着爆发出一阵掌声。我放弃了预先准备好的演讲稿，畅所欲言，思如泉涌。后来，我在报上看到当时我说了这样一段话："维护尊严，言辞和思想比枪炮更有力量……唯一牢不可破的防线是互助互谅的防线！"

这些话如果是大个子说的，听众可能客客气气地鼓一下掌。但菲律宾那时离独立还有一年，我又是矮子，由我来说，就有意想不到的效果。从那天起，小小的菲律宾在联合国大会中就被各国当做资格十足的国家了。

矮子还占一种便宜：通常都特别会交朋友。人家总想卫护我们，容易对我们推心置腹。大多数的矮子早年就都懂得：友谊和筋骨健硕、力量一样强大。

早在 1935 年,大多数的美国人还不知道我这个人,那时我应邀到圣母大学接受荣誉学位,并且发表演说。那天罗斯福总统也是演讲人,事后他笑吟吟地怪我"抢了美国总统的风头"。

我相信,身材短小的人往往比高大的人富有"人情味"而平易近人。他们从小就知道自视绝不可太高。身材魁梧的人态度矜持,别人会说他有"威仪"。但是矮小的人摆出这种架子来,大家就要说他"自大"了。

矮子如果稍有自知之明,很早就会明白脾气是不好随便乱发的。大个子发脾气,可能气势汹汹。矮子就只像在乱吵乱闹了。

一个人有没有用,和个子大小无关。反之,身材矮小可能真有好处。历史上许多伟大的人物都是矮子。贝多芬和纳尔逊都只有 1.63 米高。但是他们和只有 1.52 米高的英国诗人济慈及哲学大师康德相比,已经算高大的了。

当然,还有一位最著名的矮子是拿破仑。好些心理学家说,历史上之所以有拿破仑时代,完全是拿破仑的身材作祟。他们说,他因为矮小,所以要世人承认他真正是非常伟大的人物,失之东隅,借此收之桑榆。

本文一开始,我就提到苏联代表维辛斯基因为我胆敢批评他的国家而出言相讥的事。我不喜欢别人以为我任凭他侮辱矮子,而不加反驳。他一说完,我就跳起身来,告诉联合国大会的代表说,维辛斯基对我的形容是正确的,但是我又说:

"此时此地,把真理之石向狂妄的巨人眉心掷去——使他们的行为有些检点,是矮子的责任!"

维辛斯基凶狠地瞪着眼,但是没有再说什么。

与你共享

我们每个人都是上帝咬过一口的苹果。矮是一种缺陷,但如果机智地利用它,它又不失为成功的条件,这里面蕴藏着自信、坚强、不屈与智慧。身材矮,并不可怕,可怕的是精神矮,行动矮。如果精神和行动融进了自信和坚强,就一定可以走向成功。

(王 嘉)

怀疑乃真理之父。

——德国谚语

作者简介

刘海粟（1896~1994） 原名盘，字季芳，号海翁，祖籍安徽凤阳，生于江苏常州。画家，美术教育家。曾与徐悲鸿有过艺术上的辩论，在国内引起轰动，周恩来总理也曾过问此事。曾获英国剑桥国际传略中心授予的"杰出成就奖"，意大利欧洲学院授予"欧洲棕榈金奖"等。出版有《刘海粟画集》、《刘海粟油画选集》、《刘海粟国画》、《学画真诠》等。

要甘于寂寞

□ 刘海粟

　　近来不如从前了，虽然家还没有安顿好，但是到临时的"家"里来的客人越来越多，从早到晚，应接不暇。有来探望我的，有来求教的，有来要我作画写字的，还有报刊记者和编辑，总之，非常热闹。

　　热闹有啥好处？世界是热闹的，大城市是热闹的，人在社会上原来也是在热闹之中。但是作为一个搞艺术的人，一个画家，对热闹要有一个正确的态度。

　　怕热闹，想避免热闹，是不能完全做到的。尤其一个成了名的画家，你想不要热闹，办不到，人家会来凑热闹。

　　问题是你自己是不是想热闹，是不是怕日子过得不热闹？

　　对一个名人来说，热闹有时就是捧场，就是奉承。这对从事艺术创作是有害的。因为太热闹，脑子要发热，安静不下来。

　　我大半生都在热闹之中度过的，但是我一直在寻求摆脱热闹的办法，我要冷静，要安静一点，宁可冷清一些。

　　前几年，由于"四人帮"作乱，我运交华盖，家里倒冷清了一阵，我的心情也冷静得多。我坐在唯一给我留下的三层楼这个既是画室又是起居室的走廊里，因为来的人少，可以冷静地思考问题。回顾我的过去，考虑我的将来，像放电影一样，一个一个镜头在眼前过去，我从中总结自己的教训，找到继续前进的方向。

我大半生都是这样。尤其在进入老年以后的这 30 年来，当客人走完了，家里的人都睡了，我常常喜欢在晚上，坐在书斋里，一个人静静地思考问题，面对着墙上挂的一些新作旧稿，思考自己的艺术道路。环境非常静，一点声音也没有。但是我脑子里考虑着各种问题，心里思潮起伏。这样的静坐，很有意思。这十多年来，尤其是前几年，我之所以比较冷静，因为来捧场的人少了，来干扰的事少了，我反正"闭门思过"，倒是清闲得很，头脑也冷静得很。利用身边仅有的一些书，手头留着的纸和笔，我就读书，写字，作画，想问题。

真正要做学问，要写字作画，就需要有一个安静、单纯的环境，宁可冷清一些，因为它安静，便于自己研究。

但是因为文艺界是比较热闹的，也有一种赶热闹和扎热闹的空气，好像不热闹就"吃不开"，就没有"名气"，好像社会就会把你遗忘了。所以有的人就拼命赶热闹，往热闹当中挤进去。像从前白相大世界，越是乱哄哄、闹稠稠的地方，好像越有趣。这种人，叫做"不甘寂寞"。好像几天不到热闹场所，别人就会忘记你，就觉得冷清、寂寞了。其实，越是怕寂寞的人，将来就会很寂寞。因为你把时间和精力都花在热闹场所，没有时间读书，没有时间研究自己的学问，在热闹场中混到老，什么成就也没有，最后社会不承认你，越老越寂寞，以后死得也寂寞。死后烟消云散，谁又记得你这个不甘寂寞的人呢！

所以，甘于寂寞的人，将来倒不会寂寞的。戏剧界的梅兰芳、盖叫天、周信芳，还有杨小楼、金少山是不寂寞的，他们平时一直在家里练功，提高；许多卓越的书画家，都是不寂寞的，很多在平时却是甘于寂寞，谢绝应酬，时间和精力都用在应该用的地方。

你们年轻，精力正旺，正是做学问的好时光。一定要甘于寂寞。你集中一段时间闭门学习，不去赶热闹，社会上暂时不出现，没啥了不起，等你真正有成就，社会上永远记得你，你就永远不会冷清，不会寂寞了。这是我的经验之谈。

我这些话可能不对，我也不是反对参加必要的社会活动，我只是对那些"不甘寂寞"，好扎"闹猛"的人提点意见：一个人的时间是有限的，要珍惜它。

想象既是一切希望和灵感的源泉，同时也是沮丧失望的缘由。忘记这点就会招致悲观绝望。
——[英]贝弗里奇

与你共享

谁能耐得住寂寞，谁就能有一颗宁静的心灵，心灵一旦安静下来，尘埃落定，何愁做不成想做的事情呢？冰心老人曾做一首小诗："成功的花/人们只惊慕它现时的明艳/而当初它的芽/洒满了奋斗的泪泉！"谁能耐得住寂寞，谁就能成功！

（张艳霞）

作者简介　蒙田（1533~1592）　文艺复兴时期法国思想家、散文作家。反对灵魂不朽之说，并认为人们的幸福生活就在今世。他的散文对培根、莎士比亚以及17、18世纪法国的一些先进思想家、文学家及戏剧家影响很大。代表作是三卷本的《散文集》，成为许多法国"正直人的枕边书"。

要生活得惬意

□〔法〕蒙　田

跳舞的时候我便跳舞，睡觉的时候我就睡觉。即便我一人在幽美的花园中散步，倘若我的思绪一时转到与散步无关的事物上去，我也会很快将思绪收回，令其想想花园，寻味独处的愉悦，思量一下我自己。天性促使我们为保证自身需要而进行活动，这种活动也就给我们带来愉快。慈母般的天性是顾及这一点的。它推动我们去满足理性与欲望的需要。打破它的规矩就违背情理了。

我知道恺撒与亚历山大就在活动最繁忙的时候，仍然充分享受自然，也就是享受必需的、正当的生活乐趣。我想指出，这不是要使精神松懈，而是使之增强,因为要让激烈的活动、艰苦的思索服从于日常生活习惯,那是需要有极大的勇气的。他们认为,享受生活乐趣是自己正常的活动,而战事才是非常的活动。他们持这种看法是明智的。我们倒是些大傻瓜。我们说:"他一辈子一事无成。"或者说:"我今天什么事也没有做……"怎么!您不是生活过来了吗?这不仅是最基本的活动,而且也是我们诸种活动中最有光彩的。"如果我能够处理重大的事情,我本可以表现出我的才能。"您懂得考虑自己的生活,懂得去安排它吧?那您就做了最重要的事情了。天性的表露与发挥作用,无须异常的境遇,它在各个方面乃至在暗中也都表现出来,无异于在不设幕的舞台上一样。我们的责任是调整我们的生活习惯,而不是去编书;是使我们的举止井然有致,而不是去打仗,去扩张领地。我们最豪迈,最光荣的事业乃是生活得惬意,一切其他事情,执政、致富、建造产业,充其量也只不过是这一事业的点缀和从属品。

❀ 与你共享

要生活得惬意,这让人想起那北方正午的清秋,懒洋洋地晒着太阳,闻着爷爷泡的茶香,听着梧桐落叶的声音,偶尔还会传来收音机里京戏的咿咿呀呀……生活中不缺少乐趣和幸福,只要我们拥有乐观、平和的心境。要让心情惬意,就要学会顺其自然,学会享受生活的乐趣。 (张艳霞)

疑惑足以败事,一个人往往因为遇事畏缩的缘故,失去了成功的机会。
——[英]莎士比亚

作者简介

萨达特（1918~1981） 埃及前总统（1970~1981在任）。曾为"自由军官组织"核心成员，参加埃及七月革命。总统任内，摆脱苏联对埃及的控制；进行第四次中东战争；废除《埃及苏联友好条约》；签署《埃以和约》，结束埃及、以色列两国的战争状态。1981年10月6日遇刺身亡。

解　　脱

□ ［埃及］萨达特

在54号牢房里，我从生活的各种需求的束缚中一个又一个地解脱了出来。当精神从它的重压之下得到舒展时，自我得到了解放，它就像小鸟一样，冲出牢笼，飞向广阔的天空，飞遍整个宇宙，奔向无边的穹苍。一个人如果被金钱、地位迷住了心窍，就肯定将一事无成。因为他将永远成为自己的欲望和财产的奴仆，因此，也就不能成为自己的主人；要做到这一点，他必须从一切个人的私欲中摆脱出来。

当一个人从世间的烦恼和痛苦的个人小天地里摆脱出来时，他就会看到一个从前他不曾了解的新世界展现在他的面前，这个新的世界比他所熟悉的生活要广阔得多，丰富得多，而且是一种不同类型的世界。在这个新世界里，个性得到了解放，它将不分时间、地点地存在于任何地方。在这一解放中，欲望变成了一种爱，所有搅乱安宁的东西转变成了永久的和平。这样，人类就可以找到比他在地球上所能享受到的一切更为幸福的幸福。

因此，我在54号牢房度过的最后半年，至今仍然是我一生中最幸福的日子，因为在这期间，我第一次认识了这个新世界，一个完全否认自我的世界。在这个世界里，自我融化于宇宙万物之中，进而逐步扩大，以至同宇宙的主人联系在一起。

当然，这都是在我进行自我省察、自我体验、自我了解后才得到的收获。不容置疑，我的博览群书也帮助我揭示了这一新世界。我没有研究过苏非派，但是在我阅读了苏非派信徒的谈话和著作之后，就像我在狱中阅读过的许多东西一样，在我的心灵中发生了反响。因为它为我说出了我已经感到，但对其理解尚未达到完全意识并能予以表述的东西。苦难也许是使我和这个新世界接近的重要因素之一；我在这个新世界中懂得了精神上的安宁。这正是我以前所不理解的。因为极度的痛苦才能建树人类，使他看清自己的真相。这些痛苦包含在许多人类的最高价值之中。

例如，生活中使我最痛苦的莫过于朋友对我的背信弃义，因为对我来说友谊是一个神圣的东西。因此，当一个朋友对我背信弃义时，我感到大地都在我的脚下晃动。当我决定由于这个朋友对我背信弃义而离弃他时，我感到我实体的一部分脱离了我，遭受了人类无法忍受的痛苦；我向谁求助？有什么办法来埋葬我的悲伤？

在我了解了我的新世界并生活在其中之后，我的情况就不再如此了：狭义的自我不复存在了，唯一存在的是宇宙本身，最高的自我。

这个新世界对我来说是一个真正的启示，因为我在这个新世界中领悟了真主的友谊。只有尊严的真主才不会背叛你或抛弃你的朋友，因为是他创造了你，造就了你，赋予你忠诚，把他的精神灌注于你。他只知道无限的爱和无比的善良。

他希望他所创造的生活能光荣地、生气勃勃地、美好地存在下去。

在我领悟了真主的友谊之后，我发生了许多变化。我除非在不得已的情况下不再生气。生活对我来说已变得更加宽广，更加美好，更加扩展。我的忍耐力增加了，不管我应该承担的事情如何，问题有多少。我生活中最重要的目的是造福于他人。任何人嘴角的笑容，任何人内心的欢乐的跳动都使我感到幸福，就像我的心在欢乐地跳动一样。复仇和仇恨在我的心灵中不再占有任何位置，我对善良将永远战胜一切的信念已变成了我意识之中不可分割的一部分。我更加感觉到了爱的美，这本来是我在农村度过的青年时代形成的感受，它如同一条带子在工作和生活中将人们汇合在一起。后来，在我生活的各阶段中我母亲用这种爱哺育了我。因为她是——真主怜悯她——永不枯竭的爱的源泉。这是她的天性——无限钟爱感情的汇聚。

因此，也许我在54号牢房遭受最大的痛苦是我感到感情上的空虚，因

人的心只容得下一定程度的绝望，海绵已经吸够了水，即使大海从它上面流过，也不能再给它增添一滴水了。
——[法]雨 果

为要使一个男子汉成为一个完美的人，他就必须有一个女伴侣，彼此相爱。这的确是人生最大的幸福，因为当一个人的心中充满爱时，就能完成他的使命。一生中如果没有这种爱情，他就会感到他缺少一种重要的东西，不管他有什么作为，他也是不完美的。

这就是我在我一生中各个阶段的感受，在我看来，我绝不认为作为人类最高价值的爱在某一天会发生变化，而是相反，我发现爱是万能的钥匙。

这是在54号牢房里发生的。当我摆脱了自我，便享受到了真主的友谊，他以他的爱填充着我的心田。至高无上的真主随时随地都在护佑着我。这种友谊使我懂得了爱是建立生活并使其繁荣、结果的一个法则，没有它，就没有一切。

我通过爱发现了自我。当我否定了这种自我并将它融化在整个世界之中时，对埃及——对整个宇宙——对尊严的造物主——的普遍的热爱就成了我过去和现在履行我生活中的义务的出发点了。我在狱中的最后几个月，在我出狱之后，当我成为革命指导委员会成员时，以及现在我成了埃及共和国的总统时，都是如此。

因此，我一向提倡爱，因为它是保护人类免遭一切危机的保护伞。凡是懂得爱的人就绝不会遭受荒歉，只会得到发展和繁荣。因为爱就是贡献，贡献永远是建设。与此相反，在我就任总统前的18年中，我们的生活充满着仇恨，因此，一切正在进行中的东西都遭到了毁灭，至今我们仍然受着它的影响。

与你共享

爱将我们从个人的牢笼里释放出来，使我们走进一个更加自由和博大的王国。在这个王国里我们成为自己的国王，我们施予，我们宽恕，毫不吝啬。是爱，让我们能够忘记自我，与永恒的精神交汇，为人类的欢乐奋斗！　　　（张艳霞）

作者简介

艾芙·居里　法国优秀的音乐教育家和人物传记作家,居里夫人的次女。著有《居里夫人传》。

居里夫人的快乐生活

□ [法]艾芙·居里

　　玛丽·斯可罗多夫斯卡的学生生活中最愉快的时期,是在一个顶阁里度过的;玛丽·居里现在又要在一个残破的小屋里,尝到新的极大的快乐了。这是一种奇异的再开始,这种艰苦而且微妙的快乐(无疑在玛丽以前没有一个妇人经验过),两次都是挑选最简陋的布置为背景。

　　娄蒙路的棚屋,可以说是不舒服的典型。在夏天,因为顶棚是玻璃的,里面燥热得像一间温室。在冬天,简直不知道是应该希望下霜还是应该希望下雨,若是下雨,雨水就以一种令人厌烦的轻柔声音,一滴一滴地落在地上, 落在工作桌上,落在这两个物理学家标上记号永远不放仪器的地方;若是下霜,就连人都冻僵了。没有方法补救。那个炉子即使把它烧白了,也是令人完全失望,走到差不多可以碰着它的地方,就可以有一点暖气,可是离开一步,立刻就回到冰带去了。

　　不过,玛丽和皮埃尔习惯了外面的残酷温度,也不算不好。他们只有一点必不可少的设备,差不多没有专门装置,没有放出有害气体的"烟罩",因此大部分制炼手续必须在院子里做,在充足的空气里做。每逢骤雨猝至, 这两个物理学家就匆忙地把仪器搬进棚屋,大开着门窗让空气流通,以便继续工作,而不至于被烟熏闷。

　　这种极特殊的治疗结核症的方法,玛丽多半没有对佛提埃大夫夸说过!

　　后来她写过这样一段话:"我们没有钱,没有实验室,而且几乎没有人帮助我们做这件既重要而又困难的工作。这像是要由无中创出有来。假如我过学生生活的几年是卡西密尔·德卢斯基从前说的'我的姨妹一生中的英勇岁月';我可以毫不夸大地说,现在这个时期是我丈夫和我的共同生活中的英勇时期。……然而,我们生活中最好的而且最快乐的几年,还是在这个简陋的旧棚屋中度过的,我们把精力完全用在工作上。我常常就在那里安排我们的饭食,以便某种特别重要的工作不至于中断。有时候我整天用和我差不多一般大的铁条,搅动一堆沸腾着的东西。到了晚上,简直是筋疲力尽。"

由1898年到1902年,居里先生和夫人就是在这种条件之下工作的。

第一年里,他们共同从事镭和钋的化学分析工作,并且研究他们所得到的有活动力的产物的放射作用。不久,他们认为分工的效率比较大,皮埃尔试着确定镭的特性,以进一步熟悉这种新金属。玛丽继续制炼,提取纯镭盐。

在这种分工办法中,玛丽选的是"男子的职务",她做的是白日工人的工作。她的丈夫在棚屋里专心做细巧的试验。玛丽在院子里穿着布满灰尘浸渍酸液的旧工作服,头发被风吹得飘起来,周围的烟刺激着眼睛和咽喉,她独自一个人就是一个工厂。

她写道:"我一次制炼20公斤材料,结果是棚屋里塞满了装着沉淀物和溶液的大瓶子。我搬运承溜器,倒出溶液,并且连续几小时搅动冶锅里的沸腾材料,这真是一种极累人的工作。"

但是镭要保持它的神秘性,丝毫不希望人类认识它。玛丽从前很天真地预料铀沥青矿的残滓里含有百分之一的镭,那种时期哪里去了?这种新物质的放射作用极强,极少量的一点镭散布在矿苗中,就是一些触目的现象的来源,很容易观察或测量。最困难的,不可能的,乃是分离这极小的含量,使它从与它密切混合着的矿渣分开。

工作日变成了工作月,工作月变成了工作年,皮埃尔和玛丽并没有失掉勇气。这种抵抗他们的材料迷住了他们。他们的亲爱和智力上的热情,把他们结合在一起;他们在这个木板屋里过着"反自然"的生活,他们两个人都是一样,是为了过这种生活而降生的。

玛丽后来写道:"感谢这种出乎意料的发现,在这个时期里,我们完全被那展开在我们面前的新领域吸引住了。虽然我们的工作条件给我们许多困难,但是我们仍然觉得很快乐。我们的时光就在实验室里度过,那个极可怜的棚屋里有极大的宁静:有时候我们来回走着,一面密切注意着某种试验的进行,一面谈着目前和将来的工作。我们若觉得冷,在炉旁喝一杯热茶,就又舒服了。我们在一种特殊的专心景况中过日子,像是在梦里过日子一样。……我们在实验室里只见很少的几个人,偶尔有几个物理学家或化学家来,或是来看我们的试验,或是来请教皮埃尔·居里某些问题,他在物理学的各部门的学问,是著名的。他们就在黑板前谈话,这种谈话很容易记得,因为它们是科学兴趣和工作热诚的一种提神剂,并不打断思考的进行,也不扰乱平静专注的空气,真正实验室的空气。"

皮埃尔和玛丽有时候离开仪器,平静地闲谈一会儿,而他们总是谈论他们爱恋的镭,说的话由极高深的到极幼稚的,无一不有。玛丽有一天像小孩盼着某人已经答应给的玩物一样,很热心而且很好奇地说:"我真想知道'它'会是什么样子,它的相貌如何。皮埃尔,在你的想象中,它是什么形状?"

这个物理学家柔和地回答:"我不知道……你可以想到,我希望它有很美丽的颜色。"

🌸 与你共享

生活俭朴而精神富有是居里夫妇这两位大科学家的生活方式,在这背后我们看到的是一种高尚的情操。人的心态很重要,我们要学会简单快乐的生活,不要总被一些无所谓的事情烦心,这样才能更接近成功。　　　　(张艳霞)

若自觉有所短而存在着自贱的心理,便是自甘永居卑劣的地位,所得的结果是颓废,不是进步。
　　　　　　　　　　　　　　　　　　　　——邹韬奋

作者简介

英涛　自由撰稿人，江西省作家协会会员。他和妻子的奋斗经历曾被《打工·知音》、《中国妇女》、《中国青年》等几十家报纸杂志报道。在《读者》、《青年文摘》、《青年博览》、《意林》、《中国教育报》等国内知名报纸杂志发表作品几百篇。

青少年受益一生的 名人心态感悟·

老天要我休息一下

□ 英　涛

从小,她就显露出沉稳的天性。

5岁,贪玩的她跑到窨(yìn)井附近玩,一不小心就掉了下去。等到照看她的舅舅听到井下传来一阵一阵扑通扑通的声音,跑到窨井边,才看到她正一个人使劲地往上爬。

13岁,她和同学们被老师集合在一起,大家站成一排,扛一根木棍,木棍头上拴块砖头。同学们一会儿就支持不住,把木棍放下来了,她还一直稳稳地扛着,要不是老师跟她说可以了,她还要扛下去。因为她的耐力和稳定,被当天到学校选材的县射击队教练看中了。

后来,她就进了省队、国家队。

再后来,她获得了2002年世锦赛第一名,并在釜山亚运会上获得3枚金牌;2003年,她又获得世界杯冠军,并且打破了女子气步枪世界纪录,成为世界纪录保持者。

2004年,她参加雅典奥运会。预赛时,按组委会规定,在赛前要对每个选手的衣服进行检查,然后在扣子上做标记。但因为工作疏忽,检查她的裁判忘了给她做记号。比赛就要开始了,正在紧张备赛的她忽然看见一个裁判气势汹汹地站在她面前,要对她重新进行检查。她的教练在场边看到后气愤不已,因为这正是队员稳定心态、静心比赛的关键时刻,容不得一丝打扰。但她只是微微一笑,让裁判进行了第二次检查。预赛开始后,她又两次把枪架碰倒,让场边的教练再次倒吸了几口冷气。但她很利索地两次将架子扶了起来,重新安上后开始比赛。

决赛中,她最强的对手——俄罗斯的加尔金娜一路领先,她则紧追不舍。细心的她发现加尔金娜心理稳定,节奏感也非常出色,而自己是出了名的快枪手。于是,她改变了战术,和对手拼起了节奏和稳定,基本都是在加尔金娜出手后再出手,最后一枪更是在对方失误后再稳稳地一扣,打出了 10.6 环,而加尔金娜才打了 9.7 环。最终,她以总成绩多出 0.5 环的优势战胜加尔金娜,夺得了金牌,也成为中国代表团参加雅典奥运会的首金获得者。一夜之间,她的名字传遍了世界的每一个角落。

她就是来自山东淄博的"美女射手"——杜丽。后来,有记者问到她赛场意外及其心理准备时,她笑了,说:"遇到干扰或挫折我都是保持一种比较积极的心态。像我的枪架倒了,第一次碰倒时,我心里有点怵;第二次碰倒后,我就想也许老天的意思是要我休息一下,我就不觉得这是不利情况。其实我自始至终都是想着战胜自己,没有去想别人怎么样;始终都是在提醒自己,只要战胜了自己,就战胜了所有的人。"

不错,战胜了自己就是战胜了所有的人。而战胜自己,就需要拥有一个平稳的处变不惊的心态,就像杜丽,遇到挫折和不顺时,别人可能心慌,她却看做是一次休息的机会,给心跳一个缓冲的时间,让自己的精神加满油,用更好的状态去面对挑战。也许,挫折或意外有时候真的就是老天爷特意留给你调整心态的机会。

❀ 与你共享

战胜自己是一种积极心态。战胜了自己,困难就会渐渐消去,我们就会超越自我,做心灵的真正主人;战胜了自己,智慧的大门就会向我们敞开,成功的道路也会向我们铺开。战胜自己,让我们从现在开始。 　　　(张艳霞)

直率地坦白自己的过失,这就是赎罪的一个阶梯。

——[古罗马]西拉斯

作者简介　张晓风　女,1941年生于浙江金华,江苏铜山人。8岁时移居台湾。台湾作家。作品有小说《白手帕》、《红手帕》,散文集《地毯的那一端》、《初雪》、《她曾教过我》、《绿色的书简》、《爱情篇》、《一个女人的爱情观》等,被誉为台湾十大散文家之一,余光中也曾称其文字"柔婉中带刚劲",并将之列为"第三代散文家中的名家"。

青少年受益一生的 名人心态感悟

我恨我不能如此抱怨

□ （台湾）张晓风

我不幸是一个"应该自卑"的人,不过所幸同时又是一个糊涂的人,因此靠着糊涂,竟常常逾矩地忘了自己"应该自卑"的身份,这于我倒是件好事。可是每当我浑然欲忘的时候,总有一两个高贵的家伙,适时提醒了我应该永志不忘的自卑感,使我不胜羞愤。

一日,我静坐悟道,忽然感出种种自卑之端,皆在于生平不会埋怨。如果我一旦也像某些高贵的家伙整天能高声埋怨,低声叹气,想必也有一番风光。只是此事知之虽不易,行之尤艰难,能"埋怨"的权利不是人人可以具备的。

我生平第一件不如人的事便是中国话十分流利,使我失去了埋怨中国话的权利。无论什么话,要用国语讲出来于我竟是毫无窒碍,这件事真可耻。

如今学人讲演的必要程序之一便是讲几句话便忽然停下来,以优雅而微赧的声音说:"说到 Oedipus complex——唔,这句话应该怎么说？对不起,中文翻译我也不太清楚,什么？伊底柏斯情意综,是,是。唔,什么？恋母情绪？是,是,我也不敢 sure,好,any way,你们都知道 Oedipus complex,中文,唉,中文翻译真是……"

当然,一次演讲只停下来抱怨一次中文是绝对不够光荣的,段数高的人必须五步一楼十步一阁,连讲到 brother-in-law 也必须停下来。"是啊,这个字真难翻,姐夫？不,他不是他的姐夫。小舅子？也不是小舅子。什么？

小叔子——小叔子是什么意思？丈夫的弟弟？不对，他是他太太的妹妹的丈夫，连襟是这个意思吗？好，他的brother-in-law他的连，连什么，是，是，他的连襟，中文有些地方真是麻烦，英文就好多了。"

我对这种接驳式的演说真是企慕之至。试观他眉结轻绾（wǎn），两手张摊的无奈，细赏他摇头叹息，真是儒雅风流，深得摩登才子之趣。我辈一口标准中文的不敢望其项背。

我生平第二件不如人的事是身体太好，以致失去了抱怨天气、抱怨胃口以及抱怨一切疼痛的权利。其实我也深知，40岁以上的女人如果没有点高血压、糖尿病和胆固醇偏高，简直就等于取得了一张清寒证明书。而40岁以下的人如果不曾惹上"神经衰弱"、"胃痛"、"寂寞的17岁"之类症候，无异自己承认 IQ 偏低。

我健康得近乎异常，胃口尤其好，在酒席上居然可以从拼盘吃到甜点，中间既不怕明虾引起过敏，也不嫌血蛤腥气，更压根儿没有想起肠子肚子是文明人该忌讳的东西。

我第三件不如人的事是生活得太简单，以致失去了形形色色可资抱怨的资料。我也想抱怨自己的记性坏，但因缺少几分富贵气，即使勉强凑热闹抱怨两句，未必使"贵人多忘"的逆定理即"多忘贵人"成立。我也很想抱怨台北的路不及纽约好找，但不器的我一打开地图就知道去龙山寺，去后港里，乃至于去深坑，去倒吊子该坐什么车。

我更羡慕的抱怨，是抱怨台北的菜馆变不出花样来，抱怨真正优秀的厨子都出国做了宣慰使。说来不怕人耻笑，我即使吃碗牛肉面也觉得回味无穷。对于那些高高兴兴地抱怨佣人难待候，抱怨全台北没有一个好手艺的西装师傅的人物，我真是艳羡万分。

假如我能再做一遍小学生，再有机会写一遍"我的志愿"，我一定不再想当总统了，我只愿能够做一个时时刻刻可以抱怨的人。大抱怨固然可以造成大显赫的感觉，小抱怨也颇能顾盼自如，足以造成不肖如我者的嫉妒。说来真丢脸，我已经无行到连抱怨汽油贵的人都嫉妒的程度了（我的朋友们用汽油只止于打火机）。我嫉妒人家抱怨儿子不吃饭、不吃猪肝、不吃鸡腿——因为我的儿子从来不晓得吃饭前还有"母亲应该恳切地哀求，并许以逛街、冰淇淋等"的"文明规则"。相较之下，很为犬子"援筷直吃"的

爱自己的人是没有情敌的。

——［古罗马］西塞罗

缺乏教养的表现而羞愧。

我恨自己缺乏抱怨的资料，不过好在我虽然身不能至，尚能心向往之。我深恐有人仍恬不知耻地不懂得为自己不能抱怨而自卑而羞愤，乃谨撰文，但愿国中人士能父以勉子，兄以勉弟，以期他日能湔(jiān)雪前耻，发愤图强，共缔光明之前程。

与你共享

抱怨有时候就是我们内心暗藏的慢性毒药，它会摧毁我们的勇气、斗志和持续前进的信心。清晨打开窗，如果看到的是一轮红日，我们欣欣然；如果看到的是一片乌云，我们就安静地等待风雨。与其怨天尤人，不如知足常乐。懂得知足，才会快乐。

（邱　敏）